Power Generation, Transformation, Transmission and Distribution Engineering

発送変電工学

乾　昭文　Akifumi Inui
伊藤　進　Susumu Itoh
川口　芳弘　Yoshihiro Kawaguchi
大地　昭生　Akio Ohji
山本　充義　Mitsuyoshi Yamamoto　著

技報堂出版

書籍のコピー，スキャン，デジタル化等による複製は，
著作権法上での例外を除き禁じられています。

まえがき

　発送変電工学は電力系統の基本学術であり，電力技術者が履修すべき必須科目である．電力系統は初期の発電機と負荷が1対1で直結されていた時代から現在の全国連携広域運営へと変遷した．発電は原動機でいえば，最初は往復駆動蒸気機関であり，次いで高速蒸気タービンとなり，今は原子力が全電力量の1/3を占めるようになった．発電所と需要家を結ぶ送変電は初期の直流から交流に移り，交流は単相から多相へと，電圧は500〜1 000kVに達し，さらに，直流が再登場し，海外では800kV送電が一般化した．このような大きな流れの全体を俯瞰し，広範囲にわたる各分野を執筆することは容易ではない．これには，専門知識を異にする人々を集め，編集することを必要とする．

　このような背景のもと，本書は，電気機器製造業で開発，設計，製作に従事し，また仕事を通じ電力会社など事業者側の人々との交流で電力運営の知識を習得した熟練技術者と，かつては会社で上記実務を担当し，今もなお，会社との接触を保っている現役教授の合作で編集した．

　本書は，電力系統の学術を新しく履修しようとする学生諸君が親しみを持って学習に入れるよう，まず電力系統発展の歴史的経緯と電力資源論を述べ，次で各論を述べた．各論では極力必要とするものを入れ，さらに実務者への対応を考え，高度に詳細に述べた部分もある．これらは適宜割愛し，必要に応じ活用してもらいたい．

　このような趣旨で編集された本書は高専，大学の教科書として，また，電検の受験参考書として，さらに，実務でも活用していただけると信じる．

目　　次

まえがき ……………………………………………………………… i

第1章　電力系統の形成（歴史的な発展経緯） ……………… 1
1.1　電力の芽生えからエジソンの直流配電まで ……………… 2
1.2　交流系統の形成 ……………………………………………… 7
　　（1）西欧の場合 …………………………………………………… 7
　　（2）米国の場合 ………………………………………………… 12
　　（3）我が国の場合 ……………………………………………… 15
1.3　現電力システムに向って ………………………………… 18
　　（1）波　　形 …………………………………………………… 18
　　（2）周　波　数 ………………………………………………… 18
　　（3）相　　数 …………………………………………………… 20

第2章　発　　電 ……………………………………………… 23
2.1　エネルギー資源 …………………………………………… 24
　　2.1.1　エネルギー資源の変遷 ………………………………… 24
　　2.1.2　エネルギー資源の動向 ………………………………… 28
2.2　水力発電 …………………………………………………… 33
　　2.2.1　水力発電所の仕組み …………………………………… 33
　　2.2.2　水車の種類 ……………………………………………… 37
　　　（1）ペルトン水車 …………………………………………… 37
　　　（2）フランシス水車 ………………………………………… 39
　　　（3）カプラン水車 …………………………………………… 42
　　　（4）斜流水車 ………………………………………………… 43
　　　（5）バルブ水車 ……………………………………………… 44
　　　（6）可逆式ポンプ水車 ……………………………………… 44
　　　（7）タンデム式ポンプ水車 ………………………………… 47
　　2.2.3　我が国の水力発電 ……………………………………… 48

目 次

2.3 火力発電 …………………………………………………………52
  2.3.1 火力発電の仕組み………………………………………………52
  2.3.2 火力発電の熱力学………………………………………………53
  2.3.3 火力発電所の構成………………………………………………56
    (1) ボイラー………………………………………………………56
    (2) 蒸気タービン…………………………………………………61
    (3) 復 水 器………………………………………………………63
    (4) 給水加熱器……………………………………………………64
    (5) 発 電 機………………………………………………………65
  2.3.4 コンバインドサイクル発電……………………………………66
    (1) ガスタービン…………………………………………………67
    (2) 排熱回収ボイラー……………………………………………69
    (3) 蒸気タービン…………………………………………………69
2.4 原子力発電 ………………………………………………………70
  2.4.1 原子力発電の仕組み……………………………………………70
  2.4.2 原子力発電の核分裂反応………………………………………71
  2.4.3 原子力発電の炉形式……………………………………………72
    (1) 加圧水型軽水炉(PWR)………………………………………72
    (2) 沸騰水型軽水炉(BWR)………………………………………72
  2.4.4 原子力発電所の構成……………………………………………73
    (1) 原 子 炉………………………………………………………73
    (2) 蒸気タービン…………………………………………………76
    (3) 湿分分離器……………………………………………………77
    (4) 蒸気加熱式再熱器……………………………………………77
  2.4.5 原子力発電所の安全対策………………………………………78
  2.4.6 放射性廃棄物処理………………………………………………78
  2.4.7 核燃料サイクル…………………………………………………79
2.5 風力発電 …………………………………………………………81
  2.5.1 風力発電の仕組み………………………………………………81
  2.5.2 風車の種類………………………………………………………81
  2.5.3 風力発電の原理…………………………………………………82
  2.5.4 風力発電の運転と系統連携……………………………………83

2.6　太陽エネルギー……………………………………………………85
　2.6.1　太陽光発電…………………………………………………85
　2.6.2　太陽熱発電…………………………………………………87
2.7　その他の新エネルギー発電………………………………………89
　2.7.1　燃料電池………………………………………………………89
　　(1)　燃料電池の原理……………………………………………89
　　(2)　燃料電池の種類……………………………………………89
　2.7.2　バイオマス発電………………………………………………91
　2.7.3　海洋エネルギー発電…………………………………………92

第3章　変　　電……………………………………………………95

3.1　変電所………………………………………………………………96
　3.1.1　変電所の役割…………………………………………………96
　3.1.2　変電所の種類…………………………………………………98
　　(1)　用途による分類……………………………………………98
　　(2)　設置場所，設置環境による分類…………………………99
　3.1.3　変電所の構成と特徴…………………………………………100
3.2　変電所を構成する機器……………………………………………103
　3.2.1　変圧器…………………………………………………………103
　　(1)　変圧器とは…………………………………………………103
　　(2)　変圧器の原理………………………………………………104
　　(3)　変圧器の構造………………………………………………106
　　(4)　変圧器の特性………………………………………………110
　　(5)　単位法………………………………………………………116
　　(6)　変圧器の結線方式と運転（運用）………………………117
　　(7)　並列運転……………………………………………………119
　　(8)　電圧調整方式とタップ切換装置…………………………120
　　(9)　単巻変圧器…………………………………………………120
　　(10)　計器用変成器………………………………………………121
　3.2.2　遮断器…………………………………………………………122
　　(1)　遮断器とは…………………………………………………122
　　(2)　遮断器に課せられる責務…………………………………125

目 次

   (3) 遮断器の構造………………………………………………… 127
   (4) SF_6ガス遮断器（GCB）………………………………… 128
   (5) 真空遮断器…………………………………………………… 129
  3.2.3 断路器と接地装置……………………………………………… 130
   (1) 断路器とは…………………………………………………… 130
   (2) 接地装置とは………………………………………………… 131
   (3) 断路器，接地装置の開閉操作と責務……………………… 131
   (4) 断路器，接地装置の構造…………………………………… 131
  3.2.4 避 雷 器…………………………………………………… 132
   (1) 避雷器とは…………………………………………………… 132
   (2) 避雷器の構造………………………………………………… 132
  3.2.5 調相設備………………………………………………………… 133
   (1) 調相設備とは………………………………………………… 133
   (2) 同期調相機…………………………………………………… 133
   (3) 電力用コンデンサ…………………………………………… 134
   (4) 分路リアクトル……………………………………………… 134
 3.3 複合開閉装置………………………………………………………… 135
   (1) ガス絶縁開閉装置（GIS）………………………………… 135
   (2) 固体絶縁開閉装置（SIS）………………………………… 135

第4章　送　　電 137

 4.1 線　路………………………………………………………………… 139
  4.1.1 架　空　線……………………………………………………… 140
  4.1.2 ケーブル………………………………………………………… 144
  4.1.3 送電線回路の扱い……………………………………………… 145
   (1) 短・中距離線路の場合……………………………………… 145
   (2) 長距離線路の場合…………………………………………… 146
  4.1.4 系統図の表し方………………………………………………… 147
 4.2 系統運用……………………………………………………………… 149
  4.2.1 周波数制御……………………………………………………… 149
  4.2.2 電圧制御………………………………………………………… 151
  4.2.3 負荷限界………………………………………………………… 152

4.2.4　潮流計算 ……………………………………………… 155
　　4.2.5　経済的運用 …………………………………………… 158
4.3　系統の事故と検出，保護 ………………………………………… 163
　　4.3.1　系統の事故 ……………………………………………… 164
　　　(1)　三相短絡 ……………………………………………… 165
　　　(2)　一線地絡 ……………………………………………… 166
　　　(3)　二線地絡 ……………………………………………… 167
　　　(4)　二相短絡 ……………………………………………… 168
　　　(5)　送電線一線地絡での故障電流 ……………………… 168
　　4.3.2　継電保護方式 …………………………………………… 170
　　　(1)　機器の保護継電方式 ………………………………… 171
　　　(2)　母線の保護継電方式 ………………………………… 172
　　　(3)　線路の保護継電方式 ………………………………… 172
4.4　系統の絶縁 ………………………………………………………… 174
　　4.4.1　系統に発生する各種過電圧 …………………………… 174
　　　(1)　交流過渡過電圧 ……………………………………… 174
　　　(2)　開閉サージ …………………………………………… 176
　　　(3)　雷サージ ……………………………………………… 178
　　4.4.2　絶縁協調 ………………………………………………… 179
　　4.4.3　機器の絶縁試験 ………………………………………… 180

第5章　配　　電

5.1　配電系統の構成と配電方式 ……………………………………… 184
　　　(1)　高圧配電系統の構成 ………………………………… 184
　　　(2)　20kV級配電系統の構成 …………………………… 185
　　　(3)　低圧配電系統の構成 ………………………………… 185
5.2　配電設備の運用と配電計画 ……………………………………… 188
　　5.2.1　配電線路の設備と運用 ………………………………… 188
　　　(1)　配電変電所 …………………………………………… 188
　　　(2)　高圧配電線 …………………………………………… 188
　　　(3)　変圧器 ………………………………………………… 188
　　　(4)　電圧調整器 …………………………………………… 188

目　次

  5.2.2　需要想定 …………………………………………………………… 189
   （1）電　力　量 …………………………………………………………… 189
   （2）最大電力，平均電力，負荷率 …………………………………… 189
   （3）負荷曲線 …………………………………………………………… 189
  5.2.3　需要諸係数 ………………………………………………………… 190
   （1）需　要　率 …………………………………………………………… 190
   （2）不　等　率 …………………………………………………………… 190
   （3）負　荷　率 …………………………………………………………… 190
 5.3　配電線の事故と保護 ……………………………………………………… 191

索　　引 ……………………………………………………………………………… 193

第1章

電力系統の形成
(歴史的な発展経緯)

第1章 電力系統の形成（歴史的な発展経緯）

1.1 電力の芽生えからエジソンの直流配電まで

　今日の電力系統は三相交流で，家庭など小規模需要には単相交流で給電している．しかし，最初は直流であった．多少，冗談気味にいうならば，電力の発端は蛙である．イタリア，ボローニャ（Bologna）大学の解剖学教授ガルバーニ（L. Galvani）は異種の金属線を蛙の両脚に付け，他端子を接触させたところ，蛙が激しくけいれんするのを見て，筋肉内で電気が発生したと考え，「動物電気説」を唱えた．これに対して，パヴィア大学のボルタ（A. Volta）は蛙の脚は検電器にすぎず，異種の金属線と電解液の働きをしたぬれた脚とで作る電気回路が起電力を発生すると洞察し，これから電堆を考案した．これは電池の先駆けとなったもので，連続的に電流を取り出せることに意義深いものがある．電堆は電池となった．分極作用による電流低下を防ぐダニエル（J. F. Daniell，英）電池などの改良が成され，安定して連続的に電流を流せる電池となり，電気磁気応用に門戸を開いた．当時の電気磁気応用にはアーク灯，電気分解，電気めっきなどがあった．

　初期の電池は出力が弱く，より強力な直流電源が望まれた．これに応えた最初の直流発電機は，1832年ピクシー（M. H. Pixii, 仏）により作られた図1.1.1に示すもので，回転するU字形磁石の両極に対向して一対のコイルを配し，ここに誘起した交流をレバー機構の整流装置で，直流を得るものである．その後，多数の人々の改良・研究があり，回転するほうをコイルにする，一軸上に多数のコイルまたは磁石を取り付け，出力の増大を図るなどが行われた．一例として，英国のホルムズ（F. H. Holmes）が英仏海峡のドーバー近くの灯台用に作ったものを図1.1.2に示す．当時としては，最大級のもので，3枚の固定円板に各20個のU字形磁石を配し，その間に2枚の回転円板を挿入し，各々に80個のコイルを取り付けて

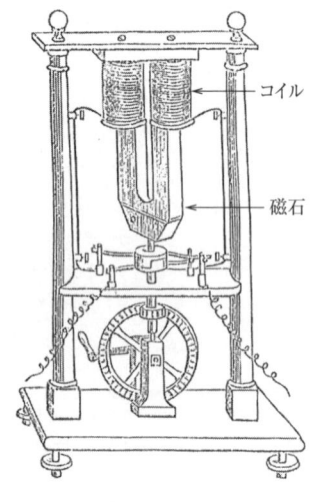

図1.1.1　ピクシーによる最初の直流発電機（1832年）
（出典：The Electrician, June, 1881）

いる．高さは 3m 近く，3HP の蒸気機関で駆動した．出力は効率を考えれば，1kW 程度と推定される．1858 年に設置，調整後，実際に運転に入ったのは 1862 年で，12 年間運転された．このような永久磁石を用いた発電機はマグネット（Magneto）と呼ばれ，次に出てくる電磁石界磁の発電機ダイナモ（Dynamo）と区別している．

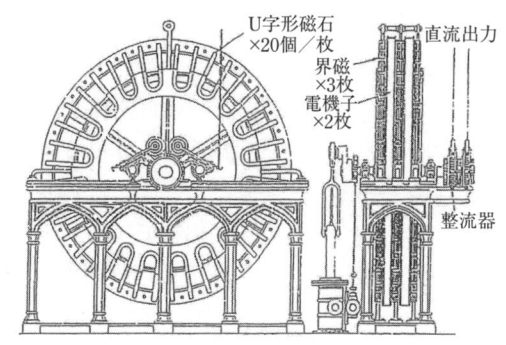

図 1.1.2　ホルムズのマグネット型直流発電機（1852 年）
（出典：Proc. Institute of civil Engineers, 1878）

マグネット型発電機はこのあたりが出力，構造的に限界である．これを脱皮するには界磁を永久磁石から電磁石に代え，強力な主磁束を作る必要がある．電機子は高速回転に耐える堅牢な構造にし，併せて整流時の火花抑制，出力波形の平滑化が必要である．

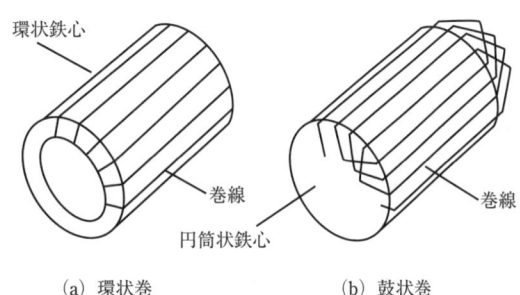

図 1.1.3　コイルの巻き方

電機子巻線の改善にはグラム（Z. T. Gramme，ベルギー）の環状巻（Ring Winding）とジーメンス（Siemens）社のアルテネック（H. Alteneck）の鼓状巻（Drum Winding）がある（図 1.1.3）．最初に実用機として認知されたのはグラム機で，具体的な巻線構造を図 1.1.4 に示す．同機は発電機にも電動機にも使用可能なので，1873 年のウイーン博では，一台は発電機，他は電動

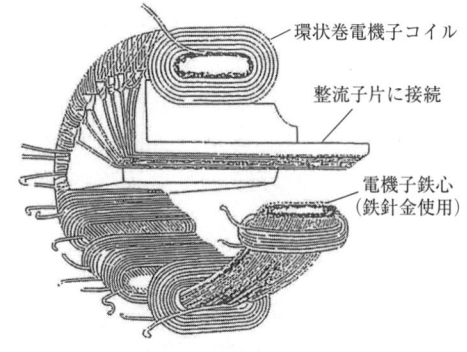

図 1.1.4　グラムの環状巻電機子
（出典：Dynamo-Electric machinery, 1886）

機として使用し，会場の人工滝の水ポンプを駆動した．伝達出力は1HP程度のものであったが，実際に動力伝達の可能性を実証し，安定した電力供給機器としての信頼性も確かめられた．当時としては，画期的なものであった．次いで，1876年のフィラデルフィア博，1878年のパリ博で展示実演を行った．実用が始まったのは1879年で，農業用電源として，例えば，400V-20A (8kW) で，以降1881年までに50台以上が使用された．1881年のミュンヘン博では，巻線を1 500V程度の高圧に巻き替え，ミースバッハ（Miesbach）からミュンヘン（München）まで57kmを送電し，会場の人工滝を駆動した．最大送電出力は1kW以下であるが，長距離動力伝達が実証された．

グラム機使用

図1.1.5 ミースバッハ–ミュンヘン間の直流送電（送電端）(1881年)
(出典：La Lumière électrique, Tenex X)

図1.1.5に送電端ミースバッハの状況を示す．送電線は窓越しにミュンヘンに向っている．以降，順調に販路を広げ，欧米で1 000台程度使用された．グラム機の特許を回避，対抗して，ジーメンス社のアルテネックは図1.1.6のような分布鼓状巻線を開発した．現在ではこの巻線構造が回転機の標準巻線方式になっている．米国ではエジソン（T. A. Edison）が彼の発明になる白熱電球と分布鼓状巻線の200kW程度のジャンボ直流発電機とを組み合わせた照明システムを全米に展開した．図1.1.7に同機種とボストン発電所の例を示す．1881年のパリ博では，エジソンは彼の照明システムを展示実演した．好評で参加した企業家たちの強い関心を集めた．彼はこれを契機に地元ニューヨーク

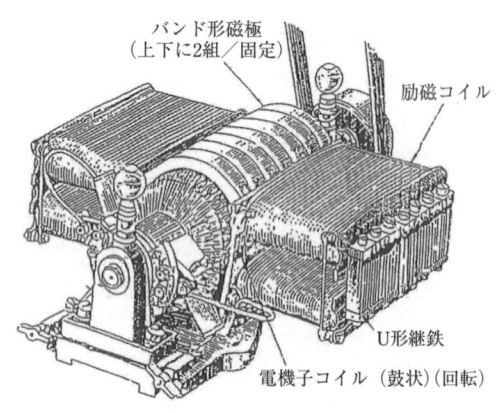

図1.1.6 アルテネックのジーメンス直流発電機 (1876年)
(出典：Erectrical Illumination, 1882)

1.1 電力の芽生えからエジソンの直流配電まで

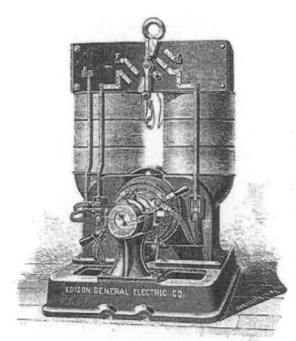

(a) エジソンの直流発電機（出典：Electrical World, March, 1899）

(b) エジソン機を用いたボストン発電所（出典：Electrical World, Aug, 1889）

図 1.1.7　エジソンの直流給電システム

をはじめ，ロンドン，パリ，ベルリンなどに事業を展開することができた．かくて，エジソンは我が世の春を謳歌することができたが，直流系統には落とし穴があった．直流は昇降圧が難しく，したがって，発電電圧で給電し，負荷側は，この電圧をそのまま使用することになる．これでは，供給範囲が狭いものとなり，1〜2km 程度に制限される．需要増大に対処するには，小規模発電所を多数散在させざるをえない．変圧器で容易に昇降圧が可能で供給範囲の拡大が可能な交流系統に席を譲らざるをえないことになる．

話は変わるが，発電機を駆動する原動機には，初期の時代には専ら，往復駆動蒸気機関が用いられた．図 1.1.8 にその例を示す．最初の蒸気タービンは 1884 年運転されたパーソンズ（C. A. Parsons, 英）のもので，18 000 rpm で，100V-75A の直流発電機を駆動した．以降，多数の人々が技術開発に加わり，蒸気圧を多段で降下させる多段タービンで，今日の交流発電機に直結可能な回転数 1 500〜3 600rpm の現用ター

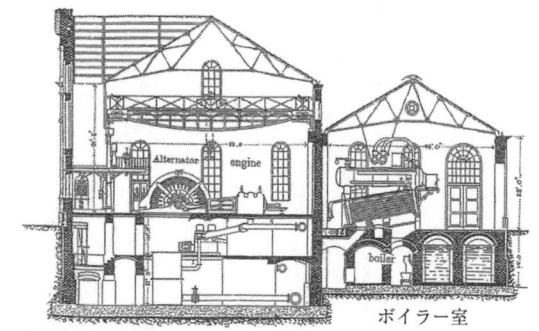

発電室（発電機と機関）—Sectional End Elevation.
機関出力　600HP × 2 台　16 燭光 × 2 000 個（max）用

図 1.1.8　往復駆動蒸気機関を使用した火力発電所の例
（出典：The Electrician, Nov, 13, 1891）

第1章　電力系統の形成（歴史的な発展経緯）

ビンに発展した．タービンの詳細な構造は後述の第2章発電のところで述べる．

　水力の場合は，長距離送電技術が確立されていない当初は，発電と需要が接近された場所に限られていた．1880年ごろより建設が始まった．その例として，1883年に作られた電鉄用の英国ポートラッシュ（Portrush）発電所を図1.1.9に示す．落差79m，二本の導水管の径は1.05m，水車は225rpmで50HP，合計の電気出力は75kWになる．

図1.1.9　初期の水力発電所の例
英国ポートラッシュ発電所
（出典：La Lumiére électrique, 1883）

1.2 交流系統の形成

　1890年前後の10年間くらいが直流系統から交流系統に変わる時期であるが，これ以前にも交流に変わる兆しはあった．1800年代半ばはまだ西欧先導の時代である．

(1) 西欧の場合

　英仏海峡では海難事故が多発し，遠くまで光の届く輝度の高い灯台が求められた．これに呼応してホルムズらが灯台用にアーク灯電源のマグネット型直流発電機の開発を行ったことはすでに述べた．この種の発電機は整流部分の損失が大で，効率は半分にも達しなかった．アーク灯は交流でも差し支えないことがわかり，整流子を外し，スリップリング（Slip Ring）に替え，交流機にすることで，大幅に効率が向上した．これを最初に実施したのはフランスのアリアンス（Alliance）社で，1861年には4HP駆動の交流発電機で，パリの凱旋門を照明し，1869年には英仏海峡のカレー近くの灯台に設置された．こうして，マグネット型交流発電機が使用されるようになったが，機熟せず，発電機1台に負荷のアーク灯1個または一群を直結する程度で，広く一般に供することは先のことである．

　直流から交流に移るもう一つの動機があった．ヤブロチコフ（P. Jabblochkoff, 露）の電気キャンドルである．アーク灯のまばゆい光は眼の疲労が激しく，室内灯など小規模の照明には適さない．電気キャンドルはこれに応えるもので，図1.2.1（a），（b）にその本体と給電回路を示す．発光体はカオリン（Kaolin）を主体とした粘土質半導体である．これを二本の炭素棒の間に挟んだもので，点灯は上部から始まり，炭素棒電極の消耗に伴い，下部に移ってゆく．柔らかい光は人々を魅了し，一時は数千台普及した．問題点は炭素棒の消耗に極性差があり，直流電源では陽極の消耗が著しい．このため，交流電源が用いられた．キャンドルは多数直列で使用されるのが一般で，一灯が断になると，全部が消灯になる．このため，各灯に変圧器を入れ，一次巻線は直列につなぎ，これに定電流の交流を流し，二次巻線から各灯へ個別に給電する．発光体の寿命は2～3時間と短く，取り替えの面倒があり，白熱電球の出現で姿を消すことになるが，この照明シス

第1章 電力系統の形成(歴史的な発展経緯)

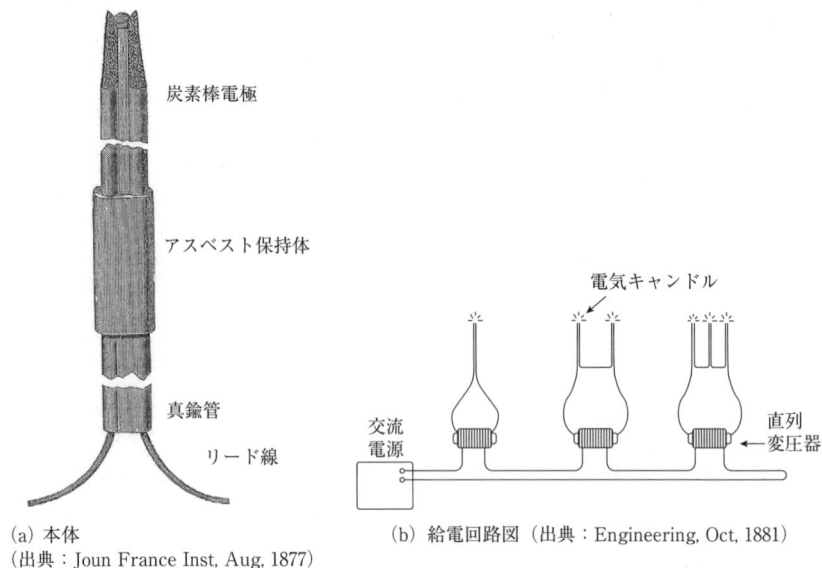

(a) 本体
(出典:Joun France Inst, Aug, 1877)

(b) 給電回路図(出典:Engineering, Oct, 1881)

図1.2.1 ヤブロチコフの電気キャンドル(1870年代)

テムは次に出現する変圧器を使用した本格的な交流による照明システムの前段となるものとして意義がある.

今日のように高い電圧で送電し,低い電圧で配電する系統構成とそれに使用する変圧器を開発したのはゴーラール(L. Gaulard, 仏)とギブス(J. D. Gibbs, 英)である.今日の電力系統は定電圧方式だが,彼らのものは定電流方式である.図1.2.2(a)に示すように,多数の変圧器の一次巻線を直列に接続し,これに発電機からの定電流を流す.鉄心は開放磁気回路(棒鉄心)なので,無負荷時でも,充分な電流,例えば10～15Aが流れる.これに複数個に分割した二次巻線を結合すれば,その各々の負荷に必要な電流を流すことができる.負荷よりみれば,二次巻線はあたかも電流供給源のようにみえるので,この変圧器を二次発電機(Secondary

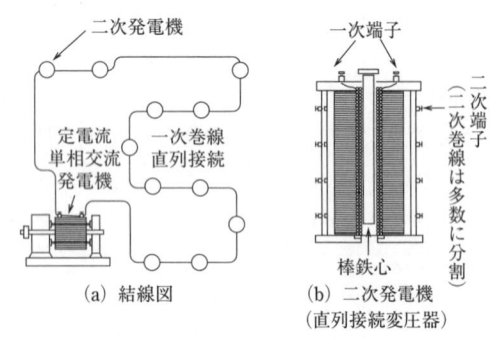

(a) 結線図
(b) 二次発電機
(直列接続変圧器)

図1.2.2 ゴーラールとギブスの直列接続単相交流システムと変圧器(1880年代)

Generator) と名づけた. 同図 (b) に同変圧器の構造図を示す.

　この方式は1883年にロンドンの鉄道会社に採用され, 5つの駅に各15個の変圧器が置かれた. 一次は直列で, 10Aの定電流を流し, 各駅の二次にアーク灯, 白熱電球などを接続した. 運転実績は満足なものであった. さらに, 同年王立水族館で開催された博覧会にも展示実演され, これも好評であった. 1884年のイタリアのトリノ (Turin) 博覧会ではTurin 駅と Lonzo 駅間, その周辺を結ぶ40kmに2kVで20kWの送配電を実施した. 結果は将来, 広範囲の電灯普及に寄与するものとの評価を受け, 10 000 フランの賞金を受けた. 図 1.2.3 にトリノ博に使用された棒鉄心変圧器を示す.

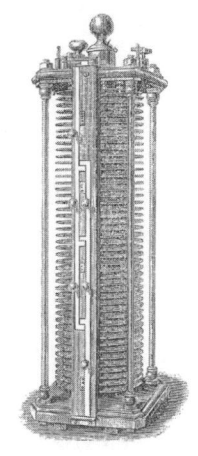

図1.2.3 トリノ博覧会に用いられたゴーラールとギブスの二次発電機(棒鉄心変圧器)

　このシステムに対して, 直流派のデプレ (M. Deprez, 仏) の「単に誘導線輪を使用したにすぎず, ヤブロチコフの電気キャンドルでも, 直列変圧器を使用しており, 新規性に値しない」との批判もあったが, 彼らのシステムは広範囲の送配電を可能とすることから, ヨーロッパ各地で多くの採用があり, 中でも, ロンドンで使用されたものが有名なので, 以下にその実施経過について述べる.

　1884年ロンドンの Grosvenor Gallary に 1 000kW, 1 200V の彼らのシステムを設置し, 一般の需要に応じた. 初めは順調に運転できたが, 不特定多数の需要の増大に伴い, 電圧変動が激しく, 電灯の明るさが変わり, 悪いことに事故の続発で, 需要家たちの激しい苦情を受けた. このシステムの原理を, 図 1.2.4 を用いて検討してみる. 発電機よりの供給電流は定電流 I_0, このうちの励磁電流を I_{exc} とし, 90度遅れとする. 一次に換算した二次負荷電流を I_{eff} とし, 力率 $pf = 1$ とする. I_0 は定電流なので, I_{eff} が I_{eff}', I_{eff}'' と増大するに伴い, 円周上を I_0', I_0'' と移動し, I_{exc} は I_{exc}', I_{exc}'' と減じていく. I_{eff} の変化に対する I_{exc} の変化の割合は I_{eff} の値が大きくなるにしたがって, 大となる. I_{exc} は鉄心内磁束量に比例するので, 不特定の需要家の負荷が増大し, その変動が大となれば, 電圧変動も大となり, 電灯

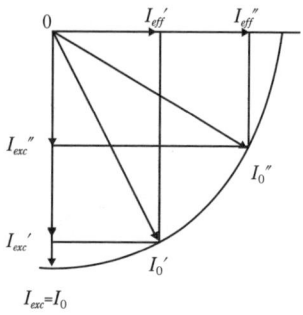

図1.2.4 ゴーラールとギブスの定電流システムの原理図

の明るさも大きく変わる．当時，力率の概念が希薄で，負荷の変動は鉄損を減じるとの利点を挙げているが，電灯の明るさが大きく変わるのでは欠陥システムといわざるをえない．これに対して現れたのが定電圧システムである．

　定電圧給電を行う目的で，定電圧変圧器を最初に実用化したのはハンガリーのガンツ（Ganz）社の面々である．同社の C. T. Blathy はかねてより開放磁気回路鉄心に疑問を持っていたので，前述のトリノ博を訪ね，ゴーラールになぜこのような鉄心を使用するのかを尋ねた．返事は，閉磁気回路鉄心は有害で，経済性も少ないとのことであった．確かに閉磁気回路では充分な励磁電流が流れず，必要な二次電流が得られない．しかし，定電圧回路なら別で，無駄な励磁電流は少ないほうが好ましい．彼は会社に戻り，ジペルノウスキー（C. Zipernowsky）とデーリ（M. Deri）と協力して，初めて，定電圧閉磁気回路変圧器を開発した．負荷の変動による電圧変動は少なく，効率向上にもつながり，今日一般の変圧器構造の先駆を成すものとなった．なお，初めて Transformer と呼称した．ガンツ社の 1884 年に作った最初の製品は単相 40Hz-1 600W-120/70V-116/194A で，図 1.2.5（a）に示すように，外鉄型のものであった．しかし，この構造は巻線の温度上昇が高くなるので，巻線の冷却を容易にするため鉄心をドーナッツ状に束ね，これに一次，二次巻線を巻いた内鉄型構造の同図（b）のものに変わった．

　話をロンドンの Grosvenor Gallary に戻そう．ゴーラールとギブスの定電流方式の苦情解決のため，1886 年フェランティ（S. Z. Ferranti）を主任技師として招き，対策を委ねた．彼は定電流から定電圧に変更した．既設のジーメンス社製発電機が二組の 1 200V 巻線を持っているので，これを直列に接続して 2 400V とし

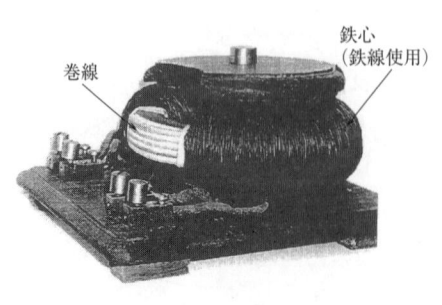
(a) 外鉄型
（出典：ガンツ資料館）

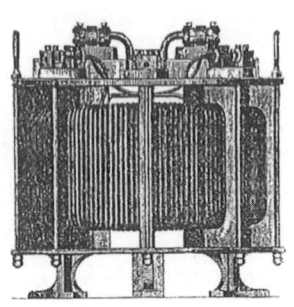
(b) 内鉄型

図 1.2.5　ガンツ社の初期変圧器例

て，ロンドンの市街地に送電し，彼の設計した変圧器群に並列接続で給電し，二次は100/50Vで一般需要家に給電した．また，翌年には定電流目的のジーメンス社製発電機の代わりに，図1.2.6（a）（b）に示すような彼の開発したZig-Zag形電機子の750kW機2台で置き換えた．順調な運転結果を得て，さらに5台まで増設した．さらなる需要に応ずるため，1887年会社は新たな大規模発電所に着手して，ロンドンの中心より8マイル離れたテームズ川上流のデプトフォード（Deptford）の地に最終120 000HPの発電を行うもので，図1.2.6（c）に示すように，10 000Vの地中ケーブルで，市中のトラファルガー

(a) フェランティ単相交流発電機

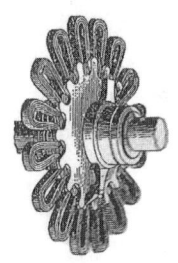

(b) Zig-Zag形電機子

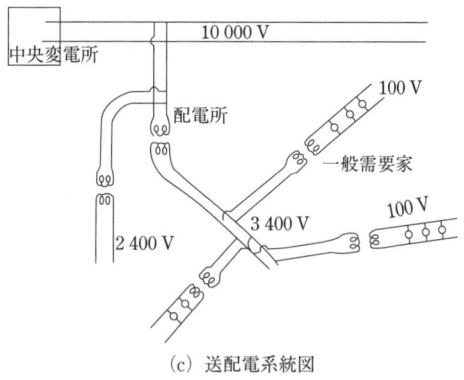

(c) 送配電系統図

図1.2.6　フェランティの発電機とデプトフォード発電所からの送配電系統図（1888年建設）

（Trafalgar）ほかの変電所に送電，2 400Vに落とし，一般需要家には100Vで配電するシステムである．全計画はフェランティに託され，1888年に建設が始まった．

　進行の途中で，問題が発生した．新しく作られた電力法で，ほかの企業からの独占的な大発電計画に異議が出され，計画は縮小された．とにかく，第一段として，1 500HP 2台が1890年完成，送電が始まった．その年の11月に操作員の誤操作で，暫定的に使用していたグロスブナ発電所が焼損した．12月に復旧したが，今度は変圧器が過負荷で焼損した．2度の事故で会社はフェランティの計画に疑念を抱き，ほとんど完成に近かった10 000HPの設備を放棄した．デプトフォードは総崩れの状態になったが，計画は再検討され，縮小した形で進められた．1895年フェランティ製の1 000kW機の追加があり，既設の1 500kW 2台ほかで，電圧10kVと2.4kVでロンドンの需要に応じた．しかし，1891年フランクフルト博で三相交流の実証試験が行われ，多相交流の時代に入ってからは，多相への変

第 1 章　電力系統の形成（歴史的な発展経緯）

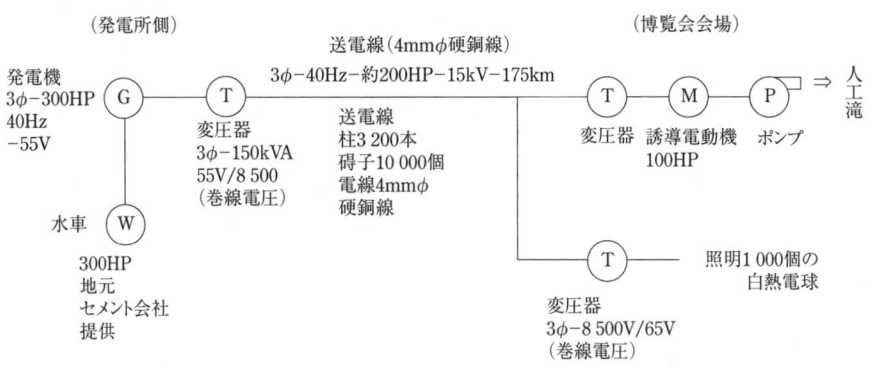

図 1.2.7　ラウフェン – フランクフルト間電力システム（1891 年）

換ができない彼の単相 Zig-Zag 形電機子発電機は過去のものとなった．
　次に，単相交流から多相交流（二相と三相）に移った経緯について述べる．
　直流推進派は，自派優位性の一つとして，交流ではよい特性の電動機がないことを挙げた．自励の直流電動機は交流でも回る．今日でも，起動トルクを必要とする電気ドリル用電動機は交流でも，直巻構造になっている．交流電動機として本来のよい特性を出すには回転磁界を使うのが望ましい．テスラ（N. Tesla, ユーゴスロビア，後に米）は二相回転磁界の誘導電動機を作ったが，AEG 社（独）のドブロウォルスキー（M. O. Dolivo-Dobrowolsky, 露，後に独）は三相交流の電流は合成すると回転することに着目，電流が回転するという意味の Drehstrom と名づけ，これで回転磁界を作り，現在最も普及している三相誘導電動機を開発した．1891 年のフランクフルト博では，図 1.2.7 に示すようにラウフェン（Lauffen）発電所からフランクフルト（Frankfurt）までの 175km を三相交流で電力を送った．水車は 300HP，送電電力約 200kW で，受電側で 1 000 個の白熱電灯，100HP の人工滝ポンプ駆動用の三相誘導電動機を運転した．全効率は 70％で，この良好な実証試験送電はその後の三相交流電力システムの普及を確かなものとした．

(2) 米国の場合
　エジソンの直流システムとウェスティングハウス（G. Westinghouse, 米）の交流システムの論争から話を進める．
　ウェスティングハウスは白熱電球による照明の将来性を見抜き，この分野への

進出を狙った．すでに，エジソンが直流で白熱電球照明に確固たる立場を築いていたので，交流で挑戦することにした．まず，1884年スワン（J. W. Swan，英）の白熱電球の特許を持つスタンリー（W. Stanley，米）をピッツバーグ工場に招致した．またロンドン Technical Journal のゴーラールとギブスの記事を見て，交流なら高い電圧にすることが容易で，細い電線で長距離送電ができ，経済的に給電システムを組めることを知り，彼らのシステムの特許使用権と関連機器一式を購入し，その性能をスタンリーに検討させた．彼の答えは定電流直列接続では実用的でないが，定電圧並列接続にすれば有用になるということであった．

1885年スタンリーは体調を崩し，グレートバリトン（Great Barrington）に保養転地するが，体調が回復したので，ウェスティングハウスより貸与してもらった機器などを用いて，同地に研究所を開いた．目標は研究所から街の中心に送電し，商店，病院，電話局など20棟を点灯することで，送電電圧は3 000V，これに3 000 / 500V の変圧器で，昇圧，降圧を行った．

1886年ウェスティングハウスは上記設備が順調に動いているのを見て，交流での電灯事業に自信を持ち，商業生産に踏み切った．1888年テスラの多相交流の発表があり，彼はその特許の使用権を入手し，会社にテスラを招き，多相交流機器の開発に着手した．これにより性能が問題視されていた交流電動機も直流電動機に対抗できるようになり，ウェスティングハウスの交流システムは確実な地位を築くことになった．

これに対する直流側のエジソンの対応だが，電力システムでの交流と直流との優劣を論ずるだけなら学術的興味で終わるが，投下した資本の防衛，救済に関わることになれば，厳しいものになる．1890年前後の10年間にわたり，直流派のエジソンと交流派のウェスティングハウスの間に激しい争いが起こった．エジソンはこの新しい侵入者を尋常な手段では阻止できないとし，なりふり構わぬ手段で攻撃に出た．人体に対する安全性を持ち出したのである．ここにエジソンとウェスティングハウスの間に交直論争（the battle of the currents）が始まった．

エジソンは1889年バージニア（Virginia）州の議会に議案を提出した．内容は「直流は800V，間欠繰り返しの直流は550V，交流は200V を超えてはならない」というものである．エジソンは公聴会で大衆にわかりやすいように「直流は穏やかに海に注ぐ川の流れのようなもの，交流は断崖を越えて流れる激流のようなもの」と説明した．議長のモルトン（Morton）は「直流は一本のパイプの中を一定方向に流れる水流，交流は同じパイプの中を最初は一方向に流れ，次いで逆方

第1章　電力系統の形成（歴史的な発展経緯）

向に流れる水流のようなもの」と補足した．結果として，議案は成立しなかった．

1880年にニューヨークは確実な処刑方法として，電気処刑を採用，最初の処刑が行われた．この発電機にウェスティングハウスの反対にも拘らず，かのウェスティングハウス社（WH社）製のものを採用し，交流と死とを結び付けた．常軌を逸する交流への反撃も交流の優位性を崩せず，

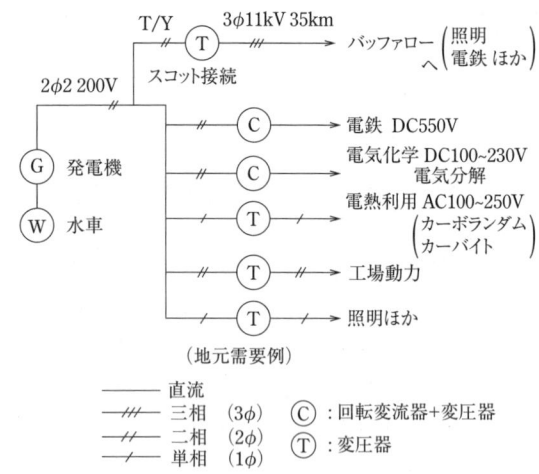

図1.2.8　ナイアガラプロジェクト万能電力システム例（1896年）

1890年代の誘導電動機の実用化，1893年のシカゴ万博の電源へのWH社二相交流の採用，1895年のナイアガラ（Niagara Falls）発電所での二相5000HP発電機の運転開始により，多相交流システムは揺るぎないものになった．図1.2.8にWH社のナイアガラプロジェクトの電力システムを示す．周辺の工場は，化学，電熱などで，電灯を含めて単相なので，発電機は二相，25Hz-5 000HP-2 200Vの定格で製造した．ただし，バッファロー（Buffalo）への送電はスコット結線（Scott-Connection）で三相に変換し，GE社が三相，11kVで送電した．

1892年エジソンGE社は交流の技術を持つトーマス-ハウストン（Thomson-Houston）社と合併しGE社となる．GE社は1893年カリフォルニアで米国最初の三相250kW 2台で7.5マイル送電を行った．また，ナイアガラ第二発電所では，WH社と同定格の二相5 000HP 11台を受注した．発電所と発電機を図1.2.9に示す．発電機は傘型構造だが，前の6台は外側界磁，後の5台は今風の一般構造である内側界磁である．なお，水車はスイスのエスシャーウィズ（Escher Wiss）社設計のもの，建設時期は1901年～1903年である．

GE社は次いで，カナディアン・ナイアガラ発電所の発電機を受注する．この定格は三相25Hz-10 000HPで，最初の2台は1905年に運開した．後に12台まで拡大した．なお，この三相電力と既設の二相電力はスコット結線で結ばれた．

ナイアガラ発電所の発電機群は世界の大容量発電のさきがけをなすものである．

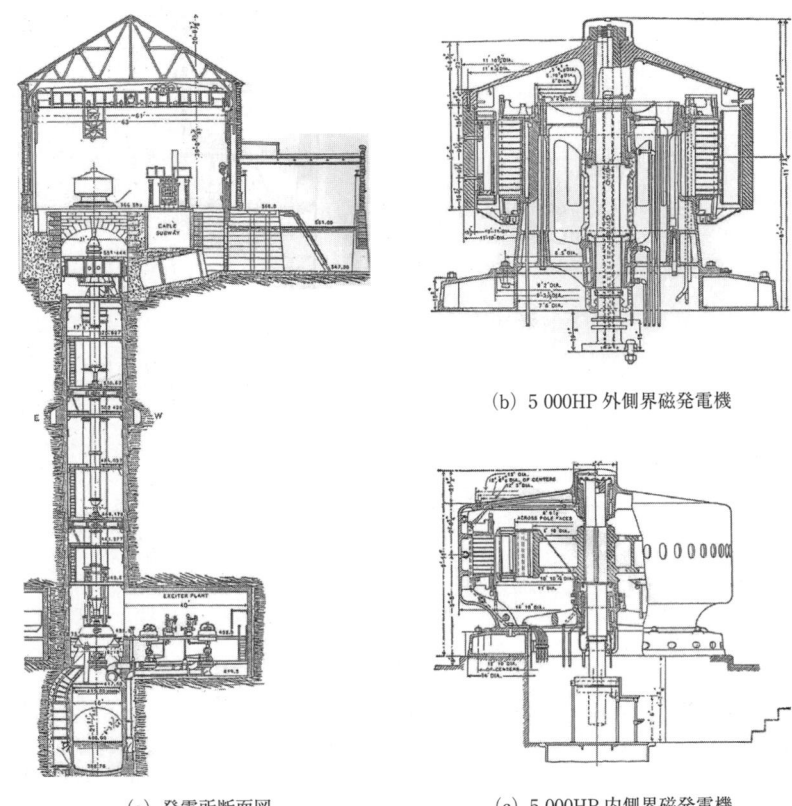

(a) 発電所断面図　　　　(c) 5 000HP 内側界磁発電機

図1.2.9　ナイアガラ第二発電所と発電機（傘形）（1901〜1903年）
（出典：Erectrical World, July, 1902）

テスラの多相交流は二相に限られたものでなく，三相誘導電動機の普及に伴い，WH社も三相機を作るようになり，米国でも，三相交流は一般化した．

(3) 我が国の場合

　欧米の手本があり，恵まれた環境の下，比較的短時間に電力系統を形成することができた．最初の事業用給電は明治20年（1887年），東京電灯が25kWエジソン直流発電機を用い，架空線で，郵便局，銀行，会社などの屋内灯，屋外灯に給電した．これはエジソンがロンドン，ニューヨークで照明事業を展開した6年後のことである．以降各地で電灯会社が設立された．表1.2.1に，東京地区，関西地区に設置された発電機の例を示す．このほかにも多くあるのはもちろんだが，

第1章　電力系統の形成（歴史的な発展経緯）

表1.2.1　初期の電力事業用発電機の例

企業	年次	発電機定格 相数-周波数-出力	製作者	備　考
東京電灯	明治20	dc-25k	エジソン（Edison）	同社最初の発電機
	明治28	1φ-100Hz-200k	石川島	国産の画期的大容量機
	明治29	3φ-50Hz-265k	AEG	最初の三相機
	明治38	3φ-50Hz-1 000k	WH	最初のタービン発電機
	明治40	3φ-50Hz-3 900k	ジーメンス（Siemens）	大容量水車発電機
大阪電灯	明治22	1φ-125Hz-30k	Thomson-Houston	同社最初の発電機
	明治30	1φ-60Hz-150k	GE	モノサイクリック機
	明治34	3φ-60Hz-150k	—	最初の三相機
	明治36	2φ-60Hz-600k	GE	二相機
	明治42	3φ-60Hz-3 000k	GE	大容量タービン発電機
蹴上発電所（京都水利）	明治24	dc-80k	GE	発電機総数　19台
	～	1φ-125Hz-60/75k	Thomson-Houston	水車ペルトン　20台
		2φ-133Hz-60k	スタンリー（Stanley）/芝浦	一部国産
		3φ-50Hz-60k	ジーメンス（Siemens）	
	明治30	3φ-60Hz-100k	GE	
		dc-200k	GE	
		3φ-60Hz-150k	GE	

（注）　出力のkはkWまたはkVA

それは割愛する．

　東京電灯の例では，エジソンの直流システムの後，明治28年には，国産単相-100Hz-200kW 4台を設置したが，その翌年の明治29年には現在標準となっている三相-50Hz機で，AEG社より265kW 6台を導入した．以後明治38年WH社から1 000kW 4台，明治40年ジーメンス社から3 900kW 6台，いずれも三相-50Hz機である．このことから東日本の周波数は50Hzに統一されることになる．

　大阪電灯では，明治22年最初に設置された発電機は単相，125Hz-30kWの交流機であった．まだ米国で，交直論争が行われていた時代に，変圧器で昇降圧容易な交流を選んだことは関西人の先見性の表れだったのだろうか．その後，当時の最新鋭機を続々導入した．明治30年には照明，動力両方に給電可能ということで，GE社モノサイクリック（Monocyclic）機（詳細後述，「1.3 (3) 相数」の項参照）60Hz-150kWを，明治34年には60Hz-150kWの最初の三相機を，明治36年には二相-60Hz-600kW機を導入した．このような経過で，結果的に相異なる機の導入で，運営上支障を生じ，逐次三相60Hzに統一された．このことより西日本の周波数は60Hzが標準になった．

　蹴上発電所の場合にも，発電機の選定では，同様な傾向があり，直流あり，単

相，二相，三相，周波数は133Hz，125Hz，60Hz，50Hzとあり，博物館のように各種各様の発電機が並んだ．

日本の場合，結果的に周波数は東日本では50Hz，西日本では60Hzと二つがあるが，三相交流に統一された．

以上（1）（2）（3）で述べたように，世界的にみても電力系統は最初は雑然と相異なる発電機を用いて構成されたが，系統運用の利便性を考え，逐次統一されていった．さらなる統一に向っての経過を次に具体的に述べる．

1.3 現電力システムに向って

　現在の電力系統には，正弦波で50または60Hzの三相交流が使用されているが，電力応用が始まったのはせいぜい150年前のことで，今の交流形態になるまでには紆余曲折の歴史があった．最初は直流，次いで交流，さらに交流は単相，二相，三相へと推移した．1880年以前は，発電機は電灯負荷に対する1対1の対応でよく，交流の波形，周波数はどちらかといえば，どうでもよかった．1880年代に入り，電灯需要の増大は発電機の並列運転を必要とし，1890年代に入れば長距離送電が始まり，さらに異系統を運用する広域運用が求められ，また誘導電動機の普及があった．これらはいずれも波形，周波数，相数の標準化，統一化を必要とすることになる．以下に電力系統構成に基本となる波形，周波数，相数が今日の状態になるまでの経過を述べる．

(1) 波　形

　初期の発電機は出力が出ればよく，波形は出たとこ勝負でよかったので，回路内の電圧と電流の関係は複雑で，回路解析は困難を極めた．1893年ケネリー（A. E. Kennelly，米）は，正弦波ならインピーダンスの概念が導入でき，直流回路と同様にオームの法則が成立するので，複雑な回路の解析も可能であることを示した．また，正弦波なら発電機の並列運転に無理がなく，長距離送電での高調波成分による通信線への誘導障害もなく，フェランティ効果による送電端の過電圧を減じ，誘導電動機では高調波の回転磁界による鉄損がない．また変圧器では一次側と二次側の電圧波形の一致性が保たれるなどほかの波形に比べ，正弦波が優れている．このような経緯，理由から，1890年代には正弦波が交流標準波形として取り扱われるようになった．

(2) 周 波 数

　灯台用の初期のマグネト型交流発電機の例を示すと，永久磁石8組群，回転数400rpmなので，周波数 $f = \dfrac{回転数(\text{rpm})}{60} \times 極対数$ より53.3Hzと計算される．このことは50Hz周辺の周波数であれば，アーク灯電源として，アークの安定性，

1.3 現電力システムに向って

表 1.3.1　1870 年,1880 年,1890 年代の発電機の例

年代	発電機の名称と定格	備　考
1878	Gramme 機 単相×4 回路,40Hz – 16HP（入力）	Jablochkoff Candle 用
1885	Gordon 機 単相×2 回路,40Hz – 115kW	当時最大機 Great Western 鉄道用
1887	Ferranti 機 単相,87Hz – 750HP（入力）	London 照明用
1890	Lowrie-Hall 機 単相,83.3Hz – 100kW	London 照明用
1891	Oerlikon 機 三相,40Hz – 300HP	Lauffen-Frankfurt 間 実験線用
1892	Siemmens 機 単相,50Hz – 700kW	一般照明用

目へのちらつき,耳障りなどが容認できるということになり,その後ヨーロッパで製造された交流発電機の目安になったものと考えられる.表 1.3.1 に製造例を示す.また,1900 年開催のパリ万博用電源として,ヨーロッパ各国より設置予定の交流発電機 20 セットの内,16 台が 50Hz,3 台が 42Hz,1 台が 25Hz になっている.これからもヨーロッパでは 50Hz に収れんしていったことがわかる.現在 50Hz がヨーロッパの標準周波数になっていることは周知のとおりである.なお,同表の中に 83.3Hz のような半端な数値があるのは周波数の表示が初めは Hz でなく,電流の Alternation/min（毎分の正負切り替わる回数）が用いられていたためで,83.3Hz と後述のアメリカの 133Hz は各々,10 000 と 16 000 Alternation/min に相当する.

米国 WH 社が交流機器の製造を始めたころは,その容量は小さく,ベルト掛け駆動で,8～16 極,回転数は 1 000～2 000rpm,周波数は 133Hz であった.当時は電灯負荷が主で,給電範囲も狭かったので,変圧器に有利な高い周波数が好まれた.なお,後に GE 社となったトーマス-ハウストン社の発電機は 125Hz であった.この状態は 1890 年ごろまで続いた.当時,ヨーロッパで往復駆動蒸気機関直結駆動の交流発電機が製造されるようになった.機関の回転数は 100rpm 程度のものが一般的であった.これは 133Hz を得るには極数は 160 程度となり,極数があまりにも多すぎる.一方,給電範囲が広がり電圧変動の観点からも低い周波数が求められるようになった.また,誘導電動機を普及させるには極数をあまり増やさず,適正な回転数を得るために低い周波数が求められた.交

流の指導的立場にあった WH 社は次期製品の周波数の決定のため，ヨーロッパの事情を含めて慎重な検討を行った．ヨーロッパの 50Hz は波形によっては，アーク灯の目へのちらつきに多少の懸念が残り，許容しうる最高周波数として 60Hz が選ばれた．もう一つの標準周波数として，長距離送電や当時の回転変流器の整流技術から無理のない 30Hz が選ばれた．

1893 年 WH 社はナイアガラ（Niagara Falls）発電所の 5 000HP の発電機 10 台を受注するが，水車の回転数は 250rpm に決まっていたので，発電機の周波数に議論が集中した．契約者側の技術顧問 G.Farbes は 8 極で，$16\frac{2}{3}$Hz を推した．WH 社はこれでは電灯のちらつきなどからみて低すぎるとし，2 倍の 16 極，$33\frac{1}{3}$Hz を推した．結局，両者の間の 25Hz に決まった．以降，30Hz でなく，25Hz が全米の長距離送電，回転変流器などの標準周波数となっていたが，その後の関連技術の向上に伴い 1920 年ごろには 60Hz の標準周波数に統一された．

日本の場合，前述のように 1896 年東京電灯がドイツ AEG 社より三相 50Hz-265kW 機 6 台を，1897 年大阪電灯が GE 社よりモノサイクリック（Monocyclic）方式（後述）60Hz-150kW 機 5 台を導入したことが遠因となり，前述のように東は 50Hz，西は 60Hz に統一された．

(3) 相　数

1890 年ごろまでは電灯が主で，直流の延長上に現れた交流は単相から始まるのが自然の流れである．電動力応用が逐次注目されるようになると，単相では性能のよい交流電動機が得られない難点が出てきた．1887/1888 年の AIEE（現 IEEE）の会合で N. テスラが "New System of Alternating Current Motors and Transformers" の講演を行った．交流電動機を含む多相交流システムの紹介である．ウェスティングハウスは早速，彼の特許権を獲得し彼を顧問としてピッツバーグ工場に迎えることにより，多相交流機器の実用化研究を始めた．1893 年シカゴで，Columbian World Fair が開催された．会場の電源として 750kW12 台の発電設備が設置された．WH 社はこれを好機と捉え，二相システムで対応し，この設備を利用，二相システムの実演展示も行った．単相 500HP の発電機 2 台を同軸に 90 度の位相差で取り付け二相の 750kW の発電設備とし，この下流に 300HP の二相誘導電動機を接続し，ベルト掛けで 500HP の交流・直流兼用の発電機を駆動した．これらの出力は交流 30Hz-390V，直流 550V である．30Hz は当時の回転変流器の整流技術に無理のない周波数，直流 550V は電鉄用である．この内容

1.3 現電力システムに向って

はWH社の万能システムの可能性を提示したものであった．当時，米国には各種の動力システムが混在していた．直流あり，交流は単相，二相，三相，周波数も色々ある．万能システムは回転変流器を介して全システムの連系を可能とするもので，古いシステムの救済にもなった．1884年WH社のスコット（C.F. Scott）は二相と三相との相互変換可能ないわゆるスコット結線（Scott-Connection）を発表したが，これも万能システムに加わった．

WH社が当初二相機を好んで製造した理由は1890年代前半は単相の電灯負荷が主で，電動機は従であったので，独立した単相二回路からなる二相は回路が簡単で，他相からの影響が少なく電圧調整も独立に行える利点があったためだが，1890年後半に入ると，誘導電動機が普及し始め，事情が変わり，誘導電動機に有利な三相が逐次拡大した．また，電力システムの拡大で，各相のバランスが容易になったことも三相拡大に役立った．現在の発送変電は三相，電灯など小口の単相システムはかくて確立された．

ヨーロッパの事情はパリ万博で展示予定された発電設備表をみると，直流が未だかなり残っているが，大勢は三相に移っている．

単相から三相に移る過渡期に，GE社が開発したモノサイクリック方式がある．1897年に大阪電灯がこの方式の60Hz-150kW発電機5台を導入している．この方式を紹介する．図1.3.1にその回路図を示す．基本的には単相発電機で，主巻線の中央点に誘起電圧が主巻線の $\frac{1}{4}$ 程度で，90度の位相差のT座（Teaser）巻線が接続されている．主に単相負荷に給電するものであるが，多相誘導電動機に対しては動力としての電流は主巻線から得て，回転磁界の発生にはT座巻線からの電流の助けによる．T座巻線からの電流は誘導電動機の励磁用のみなので，この回路の線は細くてよい．大阪電灯は初め電灯，動力用としてこの方式を採用したが，1901年の三相機導入後，逐次

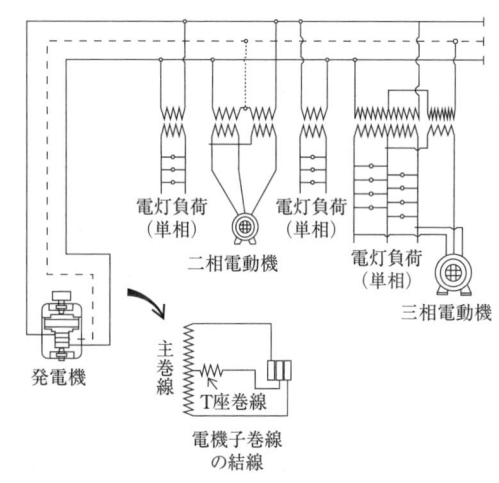

図1.3.1　GEモノサイクリック方式
（出典：Erectrical World, Oct, 1894）

21

撤去した．

　以上をまとめると，世界的にみても，現用交流系統の波形は正弦波，周波数は50または60Hz，相数は三相となった．なお，電圧に関しても標準化が求められるが，これは「第4章 送電（4.2 系統運用）」のところで述べる．

第 ② 章

発　電

第2章 発　電

2.1 エネルギー資源

2.1.1 エネルギー資源の変遷

　我々人類の祖先が，この地球に初めて誕生したのは1400万年前だといわれている．それから長い年月を経て進歩を遂げて，人類としての生活を始めたのは200万年前からだった．その当時，彼らは身近にあった木，水，土，石を用いて生活していたに違いない．適当な形，硬さの石を用いて時間をかけて加工し，石器として，森林の伐採，狩猟，農耕作業の道具に，時には敵と戦う武器として利用した．また，土を水でこねていろいろな形の土器を作り，太陽で乾かして，川や森から採った魚類や木の実，穀物の貯蔵に使用した．一方，人類はすでに火山や落雷による火災から火の存在は知っていたと思われるが，100万年前くらいになって簡単な道具を使って火をおこすことを会得した．火を手に入れたことは，人類にとって画期的な出来事であった．

　人々は，森林の木々を石器で切り倒して木材とし，家や筏の建造に利用したり，枯れ葉，枯れ枝を集めて火をおこして土器を用いて水を沸かしたり，料理をするなどのエネルギー源に利用した．このようにみると，木材が人類文明の発展による消費資源の最初だと考えられる．また，当時の人々が火によって水が沸騰し蒸気が発生することも日常生活のなかで知っていたと考えられる．さらに，野山を歩き回った際に地表に出ている燃える石（石炭）の存在にも気がついていたに違いない．

　約5000年前になると，地球の気候が変化して乾燥化が始まり，人類はエジプトやメソポタミヤなどの大河流域に移動して，ここに都市文明を築いた．このころの農耕作業，都市生活を支えた動力は，人力，牛や馬による畜力であり，3000年前になってようやく水のエネルギーを利用した水車が登場した．図2.1.1に示すような木製の羽根をつけた水車は，専ら脱穀，製粉に使用された．このような水車が今日でも田園風景に欠かせないものとして存在していることは驚くべきことである．

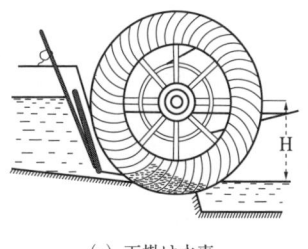

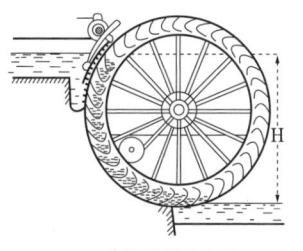

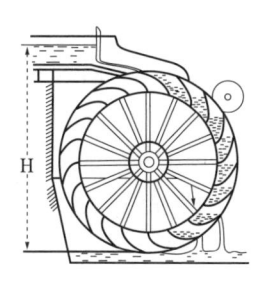

(a) 下掛け水車　　(b) 胸掛け水車　　(c) 上掛け水車

図2.1.1　古代の水車

　一方，鉄の精錬技術は遡ること5～6000年前からすでに存在していた．石器時代の石や動物の骨で作られた道具に代わる鉄製の道具の出現は，農業の生産性向上，狩猟の技術向上に大いに寄与した．しかし，初期の精錬技術は溶融温度も低くて品質は粗悪であった．燃料，還元剤には木炭が使用されていた．

　地表にしみ出ている燃える液体（石油）の存在も大昔から知られていた．中東を流れるユーフラテス川沿岸の地方では，石油の一部がガス化して炎をあげており，古代宗教のゾロアスター教（拝火教）が信奉されたり，アスファルトとして城壁や船体の隙間を埋める材料や道路舗装などに利用されていた．ギリシャ神話にも戦争で火をつけた石油が武器として用いられたとの記述がある．

　次に，蒸気を動力にした機関は，約2000年前に古代アレキサンドリアの工学者・数学者であったヘロン（Heron，生没年不詳）によって発明された．蒸気を円筒状のノズルから噴出させて回転力を得るもので，ヘロンの蒸気機関といわれている（図2.1.2）．

　14世紀になって，送風機"ふいご"の動力に水車を用いることで，はじめて溶鉱炉による銑鉄の量産が可能になった．しかし依然として燃料には木材が使われた．そのため，鉄鋼生産が盛んになった17世紀のイギリスは，森林伐採により森林資源が枯渇する状態に追い込まれた．この危機を救ったのが，あの産業革命の発端になったワット（James Watt, 1736–1819, 英）の蒸気機関（1769年）と，ダービー家（Abraham Darby，同姓同名

図2.1.2　ヘロンの蒸気機関

の3代にわたる製鉄業者）のコークス高炉法の発明（1709年）である．水車に代わり蒸気機関が送風機動力に用いられ，木材に代わり火力の強い石炭が燃料および還元剤に利用されるようになった．こうして，製鉄業は森林資源，水資源の制約から解放された．

18世紀の産業革命以降今日まで，石炭による蒸気動力は，蒸気機関車や火力発電に引き継がれている．石炭の需要は急激に広がり，世界各地で炭鉱開発が行われた．しかしながら，今日では石炭燃焼の排煙には，NO_x，SO_xなどの有害物質や地球温暖化の元凶であるCO_2が多量に含まれているとの批判も出ている．

19世紀に入ると電流，磁気との関係が発見されて，それに伴ない各種の電気機械（発電機，電動機，変圧器など）が矢継ぎ早に発明され，実用化されるようになった．こうして人間は火の次に直接は目に見えない電気を手に入れて，これを使いこなす時代に突入した．

人類は最初に木材を燃やして暖をとったり明かりを灯したりしていたが，19世紀初頭にはランプの燃料に植物油，動物性脂肪のほか石炭からのコールオイルが使われるようになった．そして1859年には，アメリカ・ペンシルバニア州タイタスビルで，世界最初のロックオイル（石油）の掘削が行われた．このロックオイルをランプに使用したところ，従来のコールオイル用ランプよりはるかに明るく，石油の需要が急激に増加した．この事業で大富豪になったのがジョン・ロックフェラー（John Davison Rockefeller, 1839–1931）であった．

しかし石油ランプの時代は長く続かなかった．1879年にエジソン（Thomas Alva Edison, 1847–1931）が電球を発明した．彼は，蒸気機関の発電機をニューヨークに持ち込み電球を灯した．従来のランプに比べての勝敗は明らかだった．電球の出現でランプに使用する石油の需要は明らかに減り，石油産業に暗い影を落としたが，そこに登場したのが自動車であった．

蒸気機関で走る自動車は18世紀後半にフランスで作られ，19世紀にはイギリスで蒸気バスの定期運行が実施されているが，これらは馬車に近い運搬車であって広く普及することはなかった．石油で駆動する内燃機関が発明されると，このエンジンを取り付けた自動車が開発された．第1号機については，ドイツの技術者，ベンツ（Kahl Friedrich Bentz, 1844–1929）が1886年に試作した三輪自動車が今日の自動車の原型だといわれている．アメリカのフォード（Henry Ford, 1863–1947）が第1号機を完成したのは1896年である．世界最初の大衆車として有名なT型フォード車は1908年に発表された．これは大量生産方式が取り入れ

られ低価格であったため爆発的に売れた．生産台数は1年後に1万台，15年後には累計1500万台に達した．自動車の大衆化は石油産業の将来を決定づけた．

こうしてみると，地球資源である石炭は基幹産業の製鉄業と，石油は自動車産業とともに需要を増したことが理解できる．

一方，水の持つエネルギーを利用する水車に発電機を取り付けて発電をする水力発電は，1882年ニューヨークで最初に実施された．さらに，翌1883年にはイギリスのポートラッシュ発電所で落差79m，出力75kWの電力が電鉄用に利用された．

産業革命を起こしたワットは，往復動蒸気機関だけでなく，1781年に回転式蒸気機関も発明している．これらの原動機に発電機を直結して最初に電気を発生させたのはイギリスのパーソンズ（Charls Algemon Persons, 1854–1931）で，1884年に反動式蒸気タービンを直流発電機と組み合わせて7.5kWの出力を得た．これが火力発電の原点である．このような経過を経ていよいよ発電時代の幕開けとなる．火力発電の燃料には最初は石炭が用いられていたが，中東で大規模な油田が発見されて石油が安定した価格で取引されるようになると，急速な電力需要に対応するため，石油を燃料とする石油火力発電所が多く建設された．さらに，1960年代になると，将来の石油資源不足の心配と大気汚染低減効果から，今まで利用されなかったLNG（液化天然ガス）への転換も図られるようになった．

19世紀後半から20世紀初めにかけて科学の進歩により原子核物理学も大いに進歩した．原子核発見の小史を表2.1.1に記す．原子核に中性子を照射すると，同じくらいの重さの二つの原子核に分裂して，その際大きなエネルギーを生じる．原子には，中性子を捕捉して分裂を起こすものと，捕捉しても分裂しにくいもの

表2.1.1　原子核発見の小史

年	出来事
1869	元素の周期律表（メンデレーエフ，D. I. Mendeleev）
1895	X線の発見（レントゲン，W. C. Röntgen）
1896	放射能の発見（ベクレル，H. Becquerel）
1897	電子の発見（トムソン，J. J. Thomson）
1911	原子核の発見（ラザフォード，E. Rutherford）
1913	原子の有核模型の確率（ボーア，N. Bohr）
1932	中性子の発見（チャドウィック，J. Chadwick）
1935	中間子論（湯川秀樹）

がある．分裂するものの代表例がウラン235である．この核分裂によって生じる莫大なエネルギーを武器に利用したのが原子爆弾である．

1953年にアメリカのアイゼンハワー大統領（Dwight David Eisenhour, 1890-1969）が国連で平和のための原子力利用を呼びかけた．その後，減速材（黒鉛，重水，軽水）により中性子を制御し，同時に冷却材（炭酸ガス，窒素ガス，重水，軽水）を用いて発生した熱を蒸気に変えてタービンを回して発電する原子力発電が始まった．こうしてウランがエネルギー資源として重要な役割を占めることになった．

実用化された原子力発電所の1号機は，1954年にロシアのオブニンスク発電所で，5MWの電力をモスクワに送電した．一方，我が国での最初の商用原子力発電は，1966年茨城県東海発電所の出力166MWで，原子炉の形式はイギリスから輸入された黒鉛減速炭酸ガス炉（コールダーホール型）である．初期の原子炉の形式には減速材，冷却材のいろいろな組み合わせのものが試みられていたが，現在ではアメリカで始められた合理的な軽水炉が主流になっている．

2.1.2　エネルギー資源の動向

今では電気のない生活は考えられない．これらの電気を生み出す発電方式として用いられているのは，水力発電，火力発電および原子力発電が主なものである．水力発電は河川の持つ水のエネルギーを利用して水車，発電機を回して発電する．火力発電は地下資源の石炭，石油，天然ガスを燃やして蒸気を発生させて，蒸気タービン，発電機を回して発電する．また，原子力発電はウランの核分裂の際に出る反応熱を利用して蒸気を発生させて，火力発電と同じように蒸気タービン，発電機を回して発電する．

次に，主要国の電源別の発電電力量の構成比（2008年）を図2.1.3に示す．これによると，各国はそれぞれの国情，政策により，また，資源の有無や保有する資源の種類などによって構成比が異なることがわかる．フランスは原子力発電が約77％，ブラジルは豊富な水源を利用した水力発電が約80％，中国は豊富な石炭を使った石炭火力が約79％を占めている．

世界平均では，火力発電が約68％，原子力発電約14％，水力発電約16％，（その他が約3％）となっている．火力発電の占める割合が高いことがわかる．1973年の石油危機以来，各国とも発電用燃料の石油依存度を減らす努力をしている．

2.1 エネルギー資源

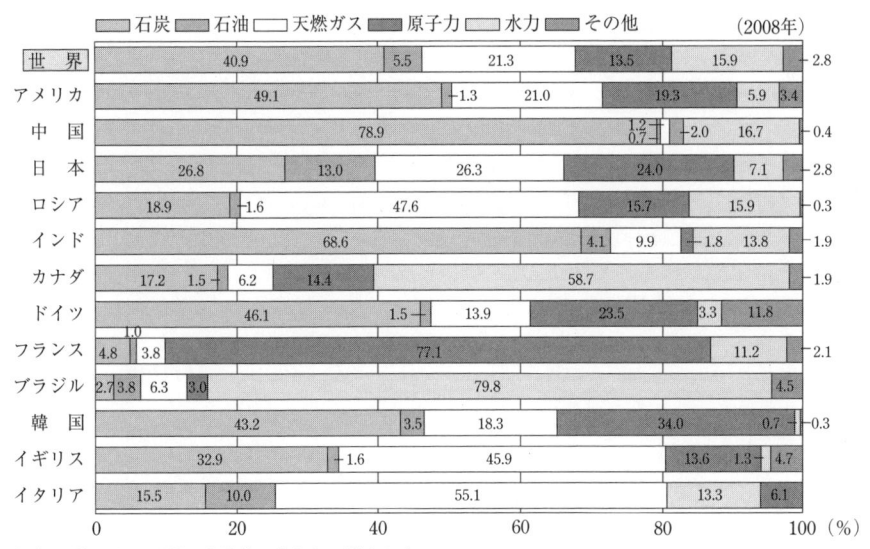

	石炭	石油	天然ガス	原子力	水力	その他	(2008年)
世界	40.9	5.5	21.3	13.5	15.9	2.8	
アメリカ	49.1	1.3	21.0	19.3	5.9	3.4	
中国	78.9	0.7	1.2	2.0	16.7	0.4	
日本	26.8	13.0	26.3	24.0	7.1	2.8	
ロシア	18.9	1.6	47.6	15.7	15.9	0.3	
インド	68.6	4.1	9.9	1.8	13.8	1.9	
カナダ	17.2	1.5	6.2	14.4	58.7	1.9	
ドイツ	46.1	1.0/1.5	13.9	23.5	3.3	11.8	
フランス	4.8	3.8		77.1	11.2	2.1	
ブラジル	2.7/3.8	6.3	3.0	79.8		4.5	
韓国	43.2	3.5	18.3	34.0	0.7	0.3	
イギリス	32.9	1.6	45.9	13.6	1.3	4.7	
イタリア	15.5	10.0	55.1		13.3	6.1	

(注) 四捨五入の関係で合計値が合わない場合がある

図 2.1.3 主要国の電源別発電電力量の構成比

各国とも原子力の割合を高めており，特にフランスでは電力のほとんどを原子力で発電している．日本は石油依存度が特に高かったが，エネルギー確保のリスク分散の観点から電源の多様化を図っている．

次の図 2.1.4 は，電力だけではない製鉄業，石油化学などを含めた主要国の一次エネルギーの構成を示したものである（2009年）．各国のエネルギー源の構成比は国情を反映してかなり異なっている．特に日本は石油への依存が高いことがわかる．現在，世界で 1 年間に消費される一次エネルギーの量は，石油換算で約 112 億トンである．今後，人口の増加，発展途上国の生活向上によりこの値は増え続けることになるであろう．

これらの資源（石炭，石油，天然ガス，ウラン）がどの程度地球に埋蔵されているかが問題になる．これに関してはいろいろの資料が発表されているが，その一例を図 2.1.5 に示す．これによれば，可採年数は石油，天然ガスでそれぞれ 40.6 年，66.7 年と見積もられている．特に，石油資源は，21 世紀半ばにも消費しかねない状況である．石炭は一番豊富な化石燃料であるが，燃焼ガス中に有害物質が存在する問題に加えて，炭素含有量が石油より 20% 多く，多量の CO_2 を排出し地球温暖化の原因になっている．したがって今後は CO_2 の回収，貯蔵な

29

第2章 発　電

国	石油	天然ガス	石炭	原子力	水力	一次エネルギー消費量 (2009年)(石油換算億トン)
世界	35	24	29	5	7	111.6
アメリカ	39	27	23	9	3	21.8
中国	19	4	71	1	6	21.8
ロシア	20	55	13	6	6	6.4
インド	32	10	52	1	5	4.7
日本	43	17	23	13	4	4.6
カナダ	30	27	8	6	28	3.2
ドイツ	39	24	24	11	1	2.9
フランス	36	16	4	38	5	2.4
韓国	44	13	29	14		2.4
ブラジル	46	8	5	1	39	2.3
イギリス	37	39	15	8	1	2.0
イタリア	46	39	8		6	1.6

(注) 四捨五入の関係で合計値が合わない場合がある

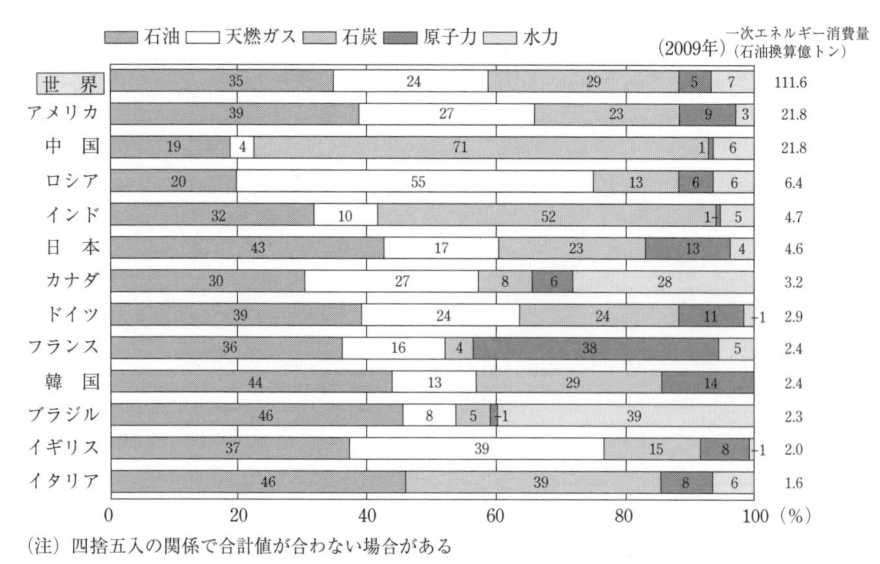

図2.1.4　主要国の1次エネルギー構成

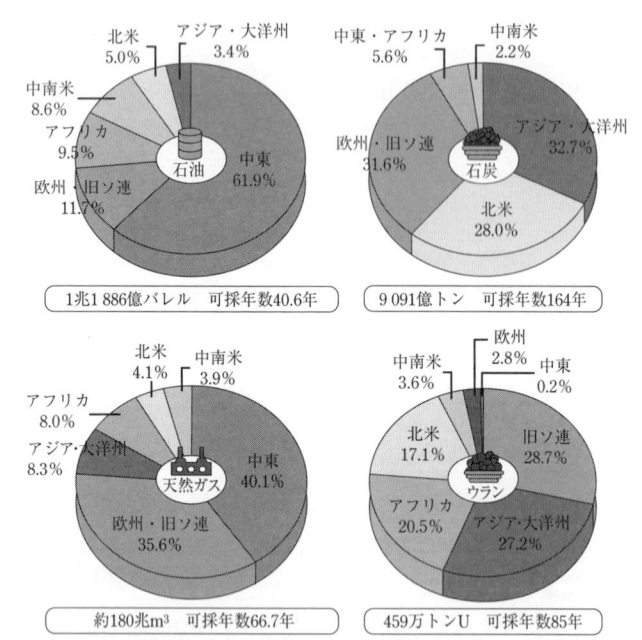

石油：中東 61.9%、欧州・旧ソ連 11.7%、アフリカ 9.5%、中南米 8.6%、北米 5.0%、アジア・大洋州 3.4%
1兆1 886億バレル　可採年数40.6年

石炭：アジア・大洋州 32.7%、北米 28.0%、欧州・旧ソ連 31.6%、中東・アフリカ 5.6%、中南米 2.2%
9 091億トン　可採年数164年

天然ガス：中東 40.1%、欧州・旧ソ連 35.6%、アフリカ 8.0%、アジア・大洋州 8.3%、北米 4.1%、中南米 3.9%
約180兆m³　可採年数66.7年

ウラン：旧ソ連 28.7%、アジア・大洋州 27.2%、アフリカ 20.5%、北米 17.1%、中南米 3.6%、欧州 2.8%、中東 0.2%
459万トンU　可採年数85年

(注) 構成比の各欄の数値の合計は、四捨五入の関係で100にならない場合がある。
(注) 資源量割合は採鉱ロスなどを考慮していない。
出典：BP統計2006、OECD/NEA&IAEA「URANIUM2003」

図2.1.5　世界の非更新性エネルギー資源量（確認可採埋蔵）

どの技術開発を促進すべきである．また，原子力発電は水力発電とともにCO_2を発生しない発電方式である．ただし，安全性と核廃棄物処理に課題がある．現在の軽水炉に使用されるウラン235は鉱石にわずか0.7％しか含まれていない．残りのウラン238を転換したプルトニウムを使用する原子炉（高速増殖炉）が実用されれば，ウラン資源の寿命は100倍以上延びることになり，ウランは何世紀にもわたって持続可能なエネルギー源になる．

しかし，2011年3月11日に発生した東日本大震災による東京電力福島第1原子力発電所の放射性物質の大気放出という重大事故は，世界に大きな衝撃を与えた．我が国でも，高速増殖炉の開発計画を含む原子力政策全体の見直しが求められている．

今後のエネルギー消費の増大により化石燃料の枯渇が憂慮される．そのため，資源の偏在性が少なく，循環型エネルギーで，かつ環境に優しいクリーンなエネルギー，例えば自然エネルギーの開発が急務になる．太陽光，太陽熱，風力，波潮力，地熱，バイオマスなどである．世界の自然エネルギーの資源量を表2.1.2に示す．これによれば，太陽放射（太陽が全地球に降り注ぐエネルギー）の資源は1 000TWもあり，その1％を利用したとしても10TWになり，世界中のエネルギー消費量を賄うポテンシャルを持っている．このほかの自然エネルギー活用についても地道に展開を拡大することが必要である．特に，地下資源を持たない我が国では一層の開発努力が切望される．いまだ地中に眠っているオイルシェルやタールサンドなどの掘削，活用を図るとともに，人類究極のエネルギー源であ

表2.1.2　世界の自然エネルギー資源量

（単位：$TW = 10^{12}W$）

資　　源	推定収集可能量	資源量
太陽放射	1 000 TW	90 000 TW
風　　力	10 TW	1 200 TW
波　　力	0.5TW	3 TW
潮　　力	0.1TW	30 TW
地 熱 流		30 TW
濃 度 差		3 TW
バイオマス		450 TW・年
地熱（貯留）	50TW・年～	1011 TW・年
大気，海洋循環の力学エネルギー		32 TW

る核融合発電や宇宙太陽光発電などの新技術も期待される．

2.2　水力発電

2.2.1　水力発電所の仕組み

　水のエネルギーを機械エネルギーに変える機械を水力原動機といい，今日では専ら水車がこれに使用されている．水車の出す機械エネルギーをそのまま利用することはほとんどなく，発電機により電気エネルギーに変えられて利用される．三相交流発電機の実用化，さらに高電圧長距離送電技術によって遠隔地の水力発電所で得られた電気エネルギーを都市部に送電することが可能になった．水車および発電機を備えて，水のエネルギーを取り込んで電気エネルギーに変換する所が水力発電所である．

　水力発電所の発電方式を，落差を得る構造によって分類すると，図 2.2.1 のように水路式とダム式に分類される．水路式は (a) のように自然の河川の勾配をそのまま利用するものである．ダム式は (b) のように河川をせき止めてダムを築き，水位を高くして落差を得る方式である．また，水路式とダム式の混合で，(c) のようにダムによって落差を作り，さらに，水路によって落差を大きくする方式のダム水路式がある．

　発電方式を機能（水の使用方法）によって分類すると，流れ込み式，貯水池式，調整池式（小さい貯水池が調整池）および揚水式（図 2.2.1 (d)）の 4 種類がある．

　流れ込み式は，自然に流れる河川の流路を変えるだけでそのまま利用するもので山間の高・中落差の比較的小型の発電所が多い．

　貯水池式は，水をいったん貯水池に貯めて，自然に流れる河川とは無関係に，河川の季節的な流量変化を，年間あるいは月間にわたり調整する容量の池を持つ発電方式である．電力需要に応じて発電する方式で大型発電所に適応される．

　調整池式は，調整池（小さい貯水池）を備え，夜間は発電を止めて貯水をして，翌日の昼間の電気が必要なピーク時に発電する方式である．池容量は日間あるいは週間にわたり調整を行うことができるものである．

　揚水式は，夜間の余剰電力を利用して下部貯水池の水をポンプで上部貯水池に

第2章 発　電

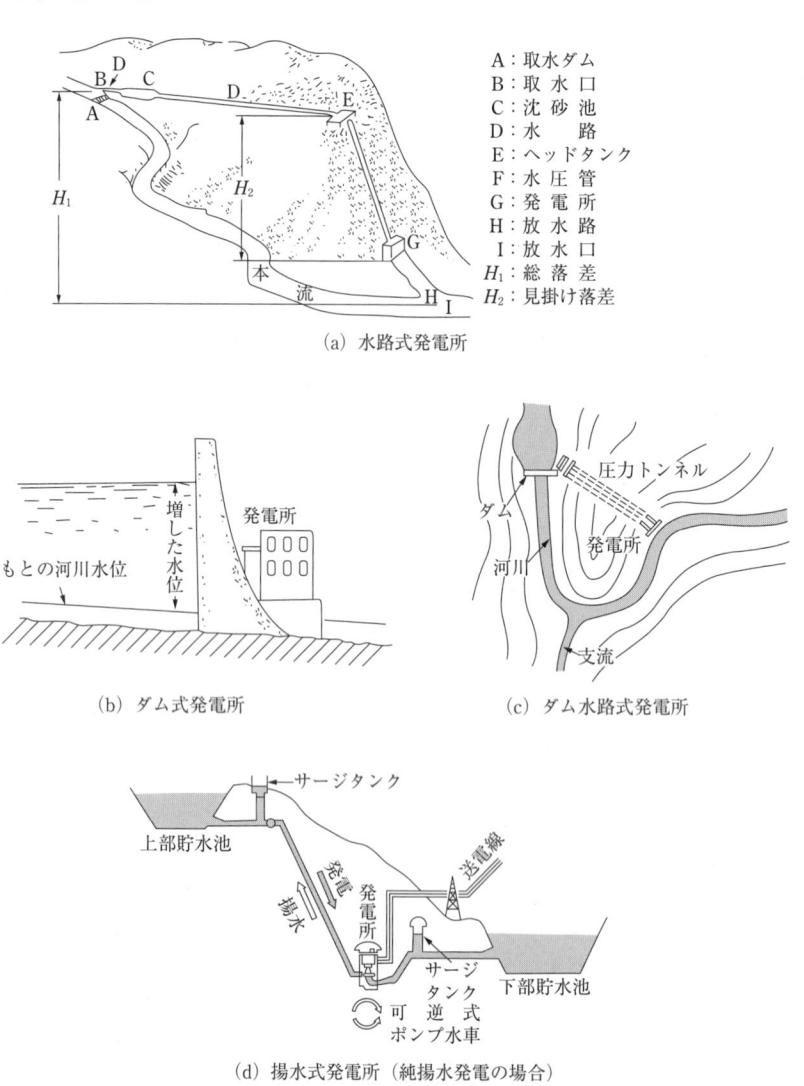

```
A：取水ダム
B：取水口
C：沈砂池
D：水　　路
E：ヘッドタンク
F：水圧管
G：発電所
H：放水路
I：放水口
$H_1$：総落差
$H_2$：見掛け落差
```

(a) 水路式発電所

(b) ダム式発電所

(c) ダム水路式発電所

(d) 揚水式発電所（純揚水発電の場合）

図 2.2.1　水力発電所の種類

くみ上げておいて，この貯水池の水を昼間のピーク時の電力消費の多いときに放出して発電するもので，一種のエネルギー貯蔵方法である．

図 2.2.2 に示すように，水車の入口①と出口②との間の全水頭の差 H を水車にかかる有効落差という．有効落差 H は貯水池の水面と放水路の水面の高度差

2.2 水力発電

である総落差（見かけ落差）H_R より導水管（ペンストック）内の損失水頭，水車出口における廃棄損失水頭を差し引いた値になる．

$$H = (0.98 \sim 0.95) H_R$$

である．

一方，水車の落差 H [m]，流量 Q [m³/s] の場合，水車の出す理論出力 Pth [kW] は水の密度を ρ [kg/m³] とすると，$Pth = \dfrac{\rho g H Q}{1000}$ になる．ここで g は重力の加速度で 9.8m/s² である．水の密度は 1 000kg/m³ であるので，$Pth = 9.8HQ$ になる．しかし，水車には軸受摩擦による機械損失，流体摩擦によるエネルギー損失などがあるため水車の正味出力 P [kW] は水車の効率を η_t とすると，$P = Pth\eta_t$ になる．また，実際に発電機から発生する出力 Pe は発電機の効率を η_g とすると，$Pe = P\eta_g$ である．ちなみに，水車の効率 η_t は (0.86～0.94)，発電機効率 η_g は (0.90～0.98) である．

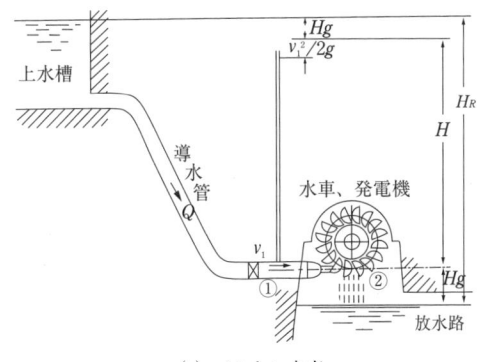

（a）ペルトン水車

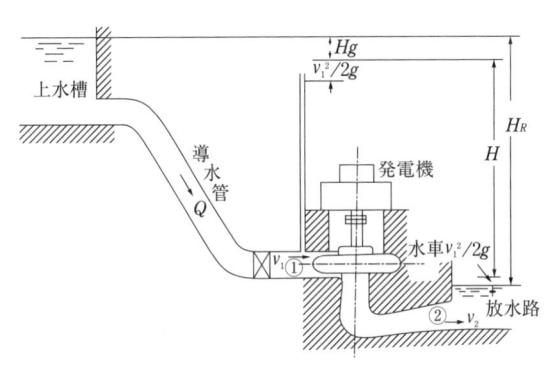

（b）フランシス水車およびカプラン水車

H：有効落差　　　H_R：見かけ落差

図 2.2.2　水力発電所大要図

水車は大きさに関係なく，羽根車の形状，運転状態が相似であればほぼ同じ性能を示す．1m の落差で 1kW の出力を出すときの水車の毎分の回転速度を比速度（n_s）という．この値が同一な水車では羽根車の形状は同じで，比速度から水車の形式を選ぶことができる．

落差 H [m]，出力 P [kW]，回転速度 n [rpm] の場合，比速度 n_s [m, kW, rpm] は $n_s = \dfrac{n\sqrt{P}}{H^{5/4}}$ で表すことができる（注）．この比速度の値から水車の種類を選ぶことが可能になる．この関係を表 2.2.1 に示す．

表2.2.1 水車の種類と比速度

種類	比速度 n_s (m, kW, rpm)
ペルトン水車	8 ～ 25
フランシス水車	50 ～ 350
斜流水車	100 ～ 350
カプラン水車	200 ～ 900
バルブ水車	同上

水車の回転速度 n [rpm] は,落差 H [m], 出力 P [kW] が与えられている場合 n_s を決めれば $n = n_s \dfrac{H^{5/4}}{\sqrt{P}}$ として求められる.

一方,水車に直結された交流発電機の同期速度 n [rpm] は系統周波数を f [Hz], 磁極数を p とすれば $n = \dfrac{120f}{p}$ の関係がある.我が国では,周波数 f は富士川以西の関西地域は 60Hz, 以東の関東地域は 50Hz である.また磁極数 p は偶数を選ばなくてはいけないとの制約がある.

(注) 比速度 n_s と回転速度 n

落差を H [m], 流速を v [m/s] とすると,流速 v は, $v = c_v\sqrt{2gH}$ である.
流量 Q [m^3/s] は,流路の直径を D [m] とすると, $Q = \dfrac{\pi}{4}D^2 v = \dfrac{\pi}{4}D^2 c_v\sqrt{2gH} = k_1 D^2\sqrt{H}$ で与えられる.
出力 P [kW] は,

$$P = 9.8QH = k_1 D^2 H^{\frac{3}{2}} \tag{2.2.1}$$

と表される.

一方,回転速度を n [rpm], 羽根車の直径を Dr [m] とすると,羽根車周速 v_r [m/s] は

$$v_r = \frac{\pi}{60}D_r n$$
$$v_r = C_r\sqrt{2gH}$$

であるから,

$$n = C_r\sqrt{2gH} \times \frac{60}{\pi} \times \frac{1}{Dr}$$
$$Dr = k_2 D$$

であるので,

$$n = \frac{C_r}{k_2}\sqrt{2gH} \times \frac{60}{\pi} \times \frac{1}{D}$$

と表される．

これより，D を次式として，

$$D = k_3 \frac{\sqrt{H}}{n}$$

を (2.2.1) 式に代入することにより，

$$P = k_1 k_3^2 \times \frac{H}{n^2} \times H^{\frac{3}{2}} = k_4 \frac{H^{\frac{5}{2}}}{n^2}$$

$$n^2 = k_4 \frac{H^{\frac{5}{2}}}{P}$$

したがって，回転速度 n は，

$$n = \sqrt{k_4} \frac{H^{\frac{5}{4}}}{\sqrt{P}} \ (\text{rpm})$$

と表される．落差 1m で出力 1kW を発生するときの水車の回転速度を比速度 n_s とすると $n_s = \sqrt{k_4}$ となり，

$$n = n_s \frac{H^{\frac{5}{4}}}{\sqrt{P}}$$

で表される．

2.2.2 水車の種類

今日，発電用水車として使用されているのはペルトン水車，フランシス水車，カプラン水車，斜流水車，バルブ水車の5種類と可逆式ポンプ水車，タンデム式ポンプ水車である．これら各水車の適用落差 [m]，出力範囲 [MW]，据付方式の一覧を表2.2.2に示す．この中では，フランシス水車が最も多く適用されている．

(1) ペルトン水車
落差 200〜1 800m の高落差発電所に適用される水車で，大気中においてノズルから噴出された水の衝動作用により水動力をランナに伝えるもので衝動水車といわれる．

表 2.2.2　現在用いられている発電用水車の形式

分類		水車形式	適用落差 (m)	出力範囲 (MW)	据付方式
水車	衝動水車	ペルトン水車	200～1 800	～400	立軸6射，横軸2射まで
	反動水車	フランシス水車	30～800	～900	立軸，横軸（～300MW）
		カプラン水車	10～80	～250	立軸のみ
		斜流水車	50～150	～150	立軸のみ
		バルブ水車	2～20	～70	立軸のみ
ポンプ水車	可逆式	フランシス形ポンプ水車	30～900	～500	横軸のみ
		斜流形ポンプ水車	30～150	～150	立軸のみ
		バルブ形ポンプ水車	5～15	～70	横軸のみ
	タンデム式	ペルトン水車＋ポンプ	300～1 500	～200	立軸，横軸
		フランシス水車＋ポンプ	100～800	～300	立軸，横軸

図 2.2.3 によりペルトン水車の作動原理を説明する．導水管により水車入口まで導かれた水はケーシング（分岐管ともいう）を通り，ノズルで加速されその噴出口からジェットとなって噴出する．このジェットはランナのバケットに当たり，水動力を伝えた後，排水室に排出され放水路に落ちる．ランナは水の動力を機械的動力に変えて水車主軸から発電機に伝える．

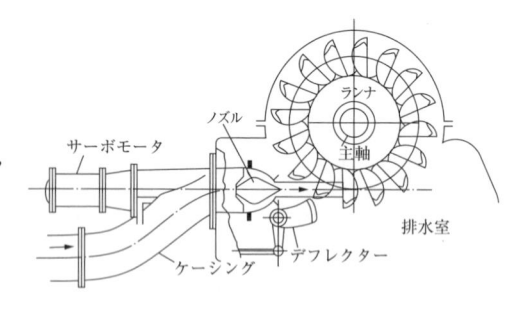

図 2.2.3　ペルトン水車

水車の負荷に応じて流量調整をノズル開度の変化で行う．また，落雷時などで負荷が急減した場合には，デフレクターが作動してジェットをランナからそらしてからゆっくりノズルを閉じて水を止める．これは，ノズルを急に閉じると水撃作用により導水管に大きな水圧上昇が起きて危険であるからである．

現在のペルトン水車は1870年代にアメリカの鉱山技師ペルトン（Lester Allan Pelton, 1829–1908）により発明された．1879年，カリフォルニア州ネバダのメイフラワー鉱山に採用されたのが最初である．以前は，ノズル数2射が限界の横軸が主体だったが，大容量化に伴い流量が増すためノズル数を多くできる立軸方式が採用されるようになった．横軸，立軸ペルトン水車の例を図2.2.4に示す．ちなみに，我が国で有名な関西電力黒部第四発電所の水車は立軸6射ペルトンで

(a) 横軸ペルトン水車　　　(b) 立軸ペルトン水車

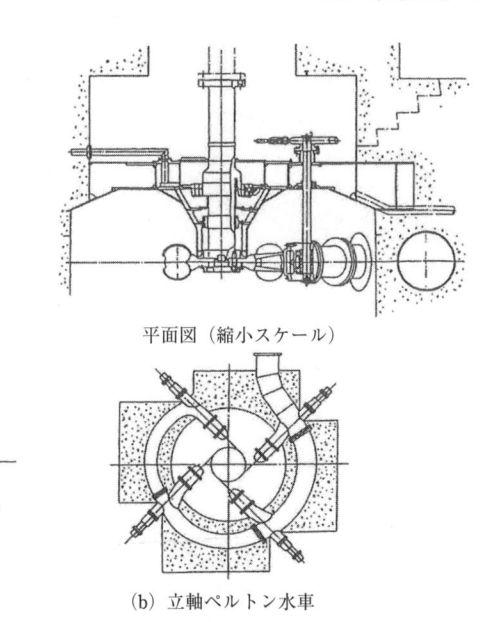

図 2.2.4　現在のペルトン水車

ある.
　ペルトン水車のランナは個々のバケットをランナディスクの外周にボルトで締結するのが一般的であったが，最近の鋳造技術の進歩により信頼性のある一体バケットが製造されるようになった．図 2.2.5 に一体バケットを示す．

(2) フランシス水車
　落差 30 ～ 800m の広範囲にわたる発電所に適用される水車で，水中において衝動

図 2.2.5　ペルトン水車ランナ

および反動の両作用により水動力をランナに伝えるもので反動水車といわれる．フランシス水車はランナの形状を変えることにより，衝動および反動の占める率を大幅に変えられるので広い範囲に使用される．比速度 n_s の小さい高落差用ではランナの入口径は出口径に比べて大きい．高落差，中落差，低落差用のフランシス水車ランナを図 2.2.6 に示す．

第2章 発　電

(a) 高落差(≒300m)用　　(b) 中落差用(≒130m)用　　(c) 低落差(≒40m)用

図2.2.6　フランシス水車ランナ

図2.2.7によりフランシス水車の構造と作動原理を示す．導水管で水車入口に導かれた水は，渦巻型のケーシングを通りガイドベーンで加速されランナの外周からランナに入る．流入した水はランナの羽根の間を充満して流れ，これに水動力を伝えたあと軸方向にランナを出て吸出管を経て放水路に排出される．ランナで変換された

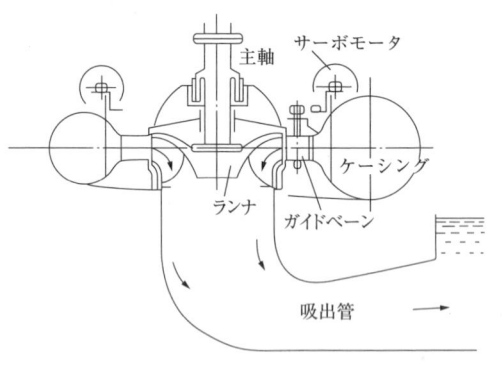

図2.2.7　フランシス水車

機械動力は水車主軸から発電機に伝えられる．水車の負荷変動に応じてランナの外側にある20枚ほどのガイドベーンの開度をサーボモータで変化させる．フランシス水車も横軸，立軸が採用されていたが，横軸では構造上制限があるため，現在ではほとんどが立軸である．フランシス水車は1826年，フランスのフルネイロン（Benoit Fourneyron）が原型（フルネイロン水車）を製作し，イギリス生まれのアメリカ人，フランシス（James Benoit Francis, 1815–1892）により1845年から1851年にかけて開発され，1954年にアメリカ，アリス・チャルマーズ（Allis Chalmers）社によって実用化された．我が国では戦後の復興期の電力開発に大いに寄与した奥只見，御母衣第一，田子倉発電所にはいずれも立軸フランシス水車が採用されている．横軸フランシス水車，立軸フランシス水車を図2.2.8に示す．

一方，世界に目を転じると，世界には流量豊富な大河が多数あって，これらを開発しての大容量水力発電所が建設された．

現在の世界最大の単機容量フランシス水車は中国三峡発電所の81万kWであり，

40

2.2 水力発電

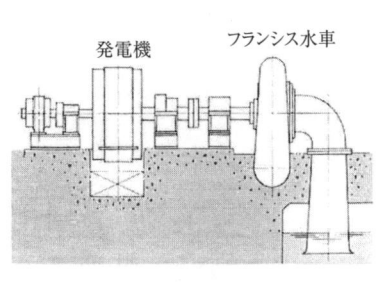

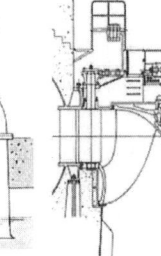

(a) 横軸フランシス水車と発電機　　(b) 立軸フランシス水車

図2.2.8　フランシス水車

ランナの直径は約10mに達する．国内各メーカーでは，南米，米国，豪州，カナダなどの大容量水力発電所の機器応札に応じて多数の水車，発電機を輸出した．

水車部品は従来主に鋳造品が使用されていたが，機器の大型化に伴い溶接技術の進歩もあって溶接構成部品が増加した．溶接ケーシング，溶接ランナ，さらに溶接主軸などへの採用である．300mmの厚さの鋼板を一気に溶接するエレクトロスラグ溶接，溶接ロボットによる合理化，さらに5軸NC工作機での三次元曲面加工が行われた．

ベネズエラのグリⅡ（第二発電所）に日本より輸出された水車(73万kW)のランナ直径は9.4mであり，これに直結する発電機のステータ直径は16.6m，重量740トン，ロータ直径は13.7m，重量

図2.2.9　水車ケーシング

図2.2.10　水力発電機のステータ

1 290 t の巨大構造物である．図 2.2.9 ～図 2.2.11 に，グリⅡ発電所用水車ケーシング，発電機ステータ，ロータの写真を示す．

(3) カプラン水車

カプラン水車は落差 10 ～ 80m の低落差発電所に適用される水車で，比速度 n_s の高いフランシス水車の延長ともいえる．そのため，構造や作動原理はフランシス水車に似ている．作用原理図および構造図を図 2.2.12 (a), (b) に示す．ケーシング，ガイドベーン，ランナ，吸出管，主軸およびサーボモータについてはフランシス水車と同様である．ただし，ランナは水が半径方向の流速を持たないこと，羽根枚数が 4 ～ 10 枚と少なく，外周にバンドがなく，羽根角度が主軸中間に設けたサーボモータで船舶の可変ピッチプロペラと同じように変えられるのが特徴である．

図 2.2.11 水力発電機のロータ

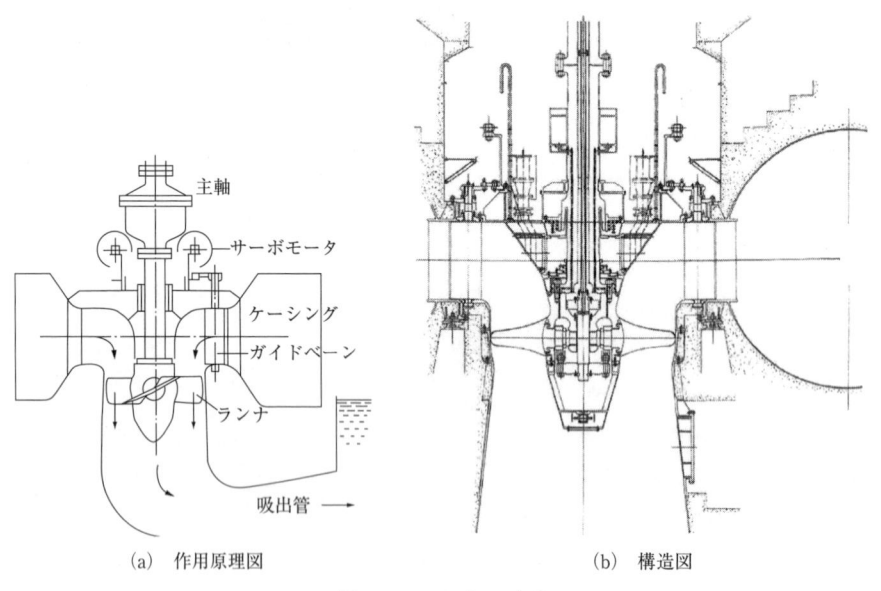

(a) 作用原理図　　　　(b) 構造図

図 2.2.12 カプラン水車

落差や流量が変化しても，それに応じて羽根角度を変えることにより，ほとんど効率の低下なく運転できる．カプラン水車では落差が高くなるほど羽根枚数が多くなる（図 2.2.13）とともに，ランナ羽根角度を操作する機構の強度上から，収納するランナボスの直径が大きくなる．ランナの写真を図 2.2.14 に示す．この水車はオーストリアのカプラン（Viktor Kaplan, 1876–1934）によって 1912 年に発明された．

図 2.2.13　落差とカプラン水車のランナ羽根枚数

（4）斜流水車

斜流水車はフランシス水車とカプラン水車の適用落差の中間の 50 〜 150m の落差に使われる．ランナ羽根を 45 〜 70 度の範囲に傾けて取り付け，流れが内向きに流入するようにしてカプラン水車よりも高落差への適用を図ったものである．比較的高落

図 2.2.14　カプラン水車のランナ

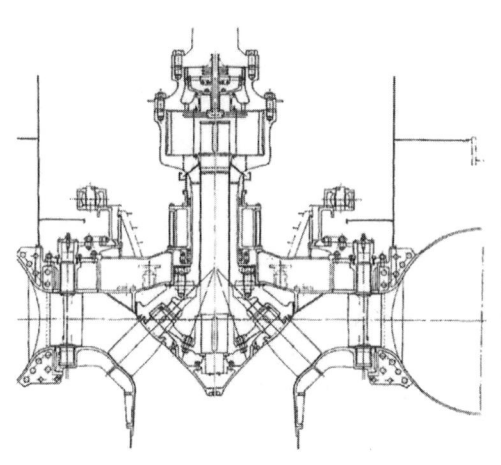

図 2.2.15　45 度斜流水車

図 2.2.16　斜流水車のランナ

差（80 〜 150m）では 45 度を，低落差時には 60 〜 70 度を採用する．カプラン水車と同様に流量変化に応じて羽根角度を変化させる．斜流水車の構造図を図 2.2.15 に，斜流水車ランナの写真を図 2.2.16 に示す．この形式の水車は最初 1957 年カナダのナイアガラで英国 EE 社（English Electric 社）によりポンプ水車として登場した．

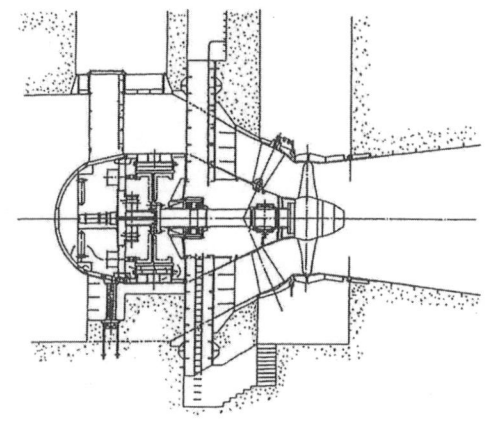

図 2.2.17　バルブ水車

(5) バルブ水車

バルブ水車は図 2.2.17 で示すように流路はストレートで，ダムを貫通する形で水路を作り，その中に発電機と水車ランナを設置する横軸カプラン水車である．低落差用であり，渦巻型ケーシングが不要で経済的である利点がある．発電機格納容器が球根の形をしているのでこの名前がついた．最初は小容量だったが，最近では 6 万 kW クラスのものまで製作されるようになった．

(6) 可逆式ポンプ水車

一つの羽根車で回転方向を変えて発電用水車としたり，逆に回して揚水用ポンプに利用する水力機械が可逆式ポンプ水車であり，揚水発電所に適用される．ポンプ水車の型式には，水車専用機と同様にフランシス形，斜流形，バルブ形が考えられていたが，今日ではポンプ水車といえばフランシス形に淘汰されている．その理由は構造が比較的簡単で，適用落差が 30 〜 900m と広く，高落差化に適しているからである．

我が国の電力は，電圧や周波数変動が少なく停電事故もほとんどなく安定している．図 2.2.18 に，日本国内の典型的な例として，（株）東京電力（首都圏）の四季および 24 時間の電力需要の状況を示す．これによれば，夜間時と昼間時の電力需要には大きな差があり，しかも朝 8 時ごろの負荷上昇率は極めて大きい．これらに対応するために各種電源の役割分担が必要になる．原子力発電の負荷応

2.2 水力発電

図 2.2.18 電力需要日変化曲線

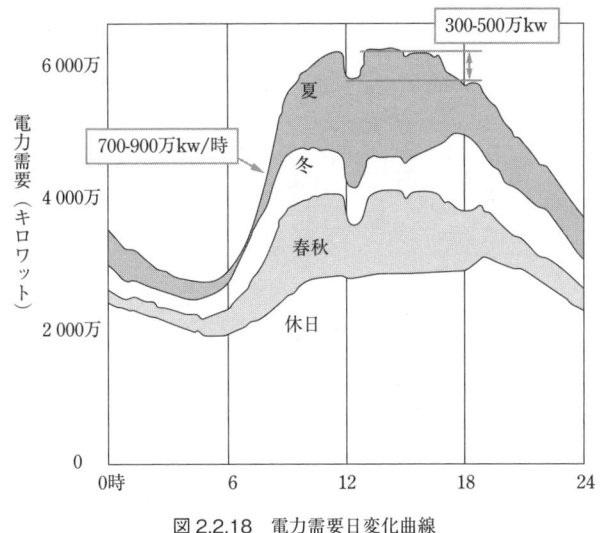

答は 1～2 日であり，火力発電でも 1～3 時間である．これに対して，水力発電の場合は起動時間を考慮しても負荷応答は 10 分程度である．したがって，原子力発電，火力発電を一定負荷のベース電源として運転し，ピーク電源に水力発電を用いるのが合理的である．また，深夜のオフピーク時の余剰電力を利用し，下部貯水池の水を揚水して上部貯水池に貯め，この水を用いて昼間のピーク時に発電するのが揚水発電所である．揚水発電所は深夜電力の吸収による火力発電所の負荷率向上，即応性による電圧，系統周波数の安定維持，系統事故時における即応予備力としての寄与などのメリットがある．

　ポンプ水車の構造図を図 2.2.19 に示す．発電専用機のフランシス水車の構造に似ているが，正逆両回転をするので，これに対応する発電機の通風方式，スラスト軸受，ガイド軸受を備えているのが特徴である．ポンプ水車では発電運転，ポンプ運転両方の性能を満足するランナが必要になる．ポンプ運転のときのランナ内の水の流れは流路が拡大する減速流になる．そのため流路の急拡大による流れの剥離を防止するため，ランナ羽根は長くなり，フランシス水車の羽根よりむしろ遠心ポンプに似た羽根型になる．羽根枚数も水車が 11～17 枚に対して 6～9 枚と少ない．ポンプ水車とフランシス水車ランナの比較を図 2.2.20 に示す．ポンプ水車ランナの写真を図 2.2.21 に示す．ポンプ水車の発電運転方法は全く専用機と同一である．ポンプ運転時には，いろいろな工夫が施される．まず，ポ

第2章 発 電

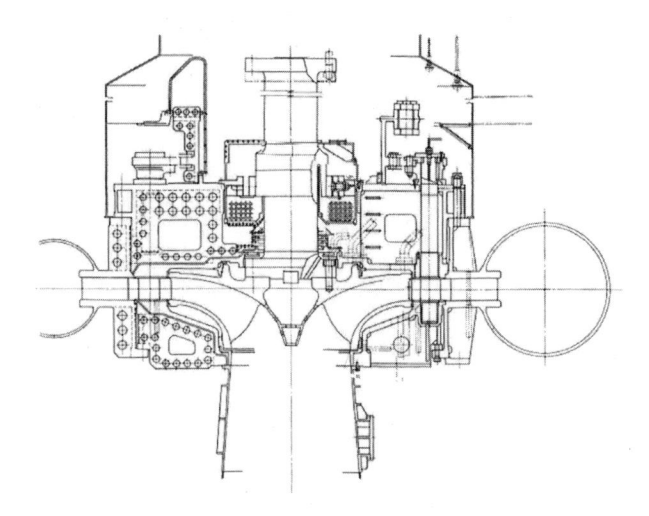

図2.2.19 ポンプ水車

ンプ起動時にはキャビテーションを防止するため，常時水中にあるランナの起動トルクを減らすために，圧縮空気で水面を押し下げてランナを空中状態にする．そのときガイドベーンからの漏水を排出するバルブを開ける．発電機のスラスト軸受に高圧油を送り，ジャッキアップして油膜を形成する．起動方式としては，大型電動機と類似の制動巻線を利用する方式，小容量起動電動機を発電電動機に直結する方式，近くに起動用発電機がある場合，これを利用して両者を電気的に接続しておいて同期状態を保ちながら起動する方式，サイリスタ周波数変換装置を用いる方式も開発され，実用化されている．起動後，回転は徐々に上がり，同期速度に達すると系統に投入される．次に，水面押し下げをしていた空気を排出する．ランナに水が掛かり始めると水車各部品の振動値が増加する．ランナに水が充満すると，ポンプの

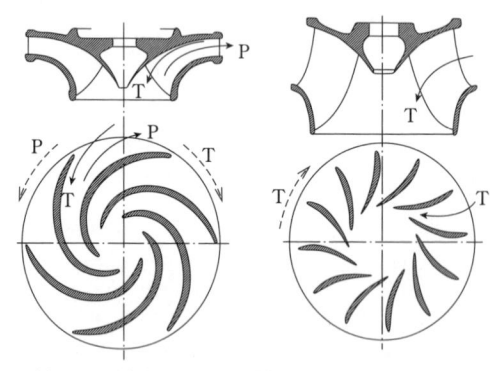

(a) ポンプ水車のランナ　(b) フランシス水車のランナ

T：水車運転時　P：ポンプ運転時
点線矢印はランナの回転方向
実線矢印はランナ内の水流の方向

図2.2.20 ポンプ水車のランナとフランシス水車のランナ

2.2 水力発電

締め切り圧力が確立する．これを確認した後にガイドベーンを開いて揚水運転に入る．締め切り運転時は騒音，振動が最大であるが，ガイドベーンが開いて定格運転になると騒音，振動は急激に減少して水が流れる音だけになる．

揚水発電所の電力貯蔵量は落差と有効貯水量の積で決まる．したがってある量の電力を貯蔵するには落差が高いほど，貯水池容量が小さくて済む．また，ポンプ水車の寸法も落差が高くて流量が少ないほうが同じ出力を出すのに小さくできる．そのため，落差が高いほど貯水池も発電所建屋も小さくでき，建設費削減につながる．これらの理由から，我が国では世界に先駆けて超高落差大容量ポンプ水車，発電電動機の開発実用化がなされている．ちなみに落差700m級のポンプ水車ランナの周速度は120m/s，発電電動機の回転部の周速度は130m/sに達する．

図 2.2.21　ポンプ水車のランナ

(7) タンデム式ポンプ水車

この機器構成は発電電動機に水車，ポンプを直結したもので，発電時も揚水時も，ともに同じ方向に回転する点が可逆式ポンプ水車と異なる．両者の比較を図2.2.22に示す．主に，ヨーロッパで多く使用されていたが，いずれも数万kW規模のものである．我が国でも，季節による出水量を調整するための季節調整用に横軸タンデム式ポンプ水車が設置されたことがある．これに対して，オーストラリアでは，1966年に水資源の運用と同国の小容量の電力系統の信頼性向上を図るため，揚水から発電に10分程度かかる可逆式ポンプ水車より，2分で切り替えられるタンデム式揚水発電方式を採用した．そして，325MWの水車と240MW

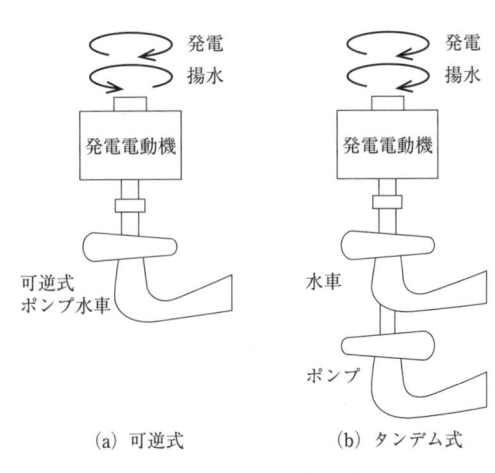

図 2.2.22　ポンプ車形式の比較
(a) 可逆式　(b) タンデム式

のポンプを備えるワイバンホー発電所が 1977 年に完成した．この構造を図 2.2.23 に示す．

2.2.3 我が国の水力発電

我が国の電力事業は 1883（明治 16）年に東京電灯（株）が設立され，1887 年から電灯電力の供給を始めた．これらの動力は往復動蒸気機関による小規模の火力発電であった．1888 年に仙台市にあった宮城紡績会社が近くの三居沢で，紡績工場の動力としていた水車に 5kW の直流発電機を取り付け，工場内の照明電灯を灯したのが我が国最初の水力発電である．その後，1891 年に琵琶湖疎水事業に合わせて蹴上発電所が建設され，20 台の水車と 19 台の交流，直流混在の発電機が備えられて，合計 1 760kW の電力を発電所の近くに送電したのが事業用水力発電の始まりである．これ以後，三相交流発電機の進歩，高電圧による長距離送電技術の確立により遠隔地の水力発電所からの送電が可能になった．猪苗代湖から 22.5km 離れた郡山まで 11kV で送電したのが最初である．電力需要の増大に伴って数千 kW 級の流れ込み式水力発電所が多く作られ，1912（大正 1）年には水力発電容量が火力発電容量を超え，水主火従の時代に入った．しかしこれらの発電所で用いられた水車の多くは輸入品であった．それまでの水車，発電機は横軸機であったが，将来の大容量化には欠かせない立軸機の開発が行われ，1915 年に国産機最初の立軸水車（1350kW）が揖斐川電力の西横山発電所に，翌年には国産初の立軸発電機（937kVA）が四国水力電気の三縄発電所で採用された．

1914～1918 年の第一次世界大戦により，ドイツに発注していた水車の輸入が困難になり，国内発電所建設計画に大きな支障をきたした．このため，国内メーカーへ振替発注されて，水車，発電機の製造能力が増進した．戦後の経済恐慌，

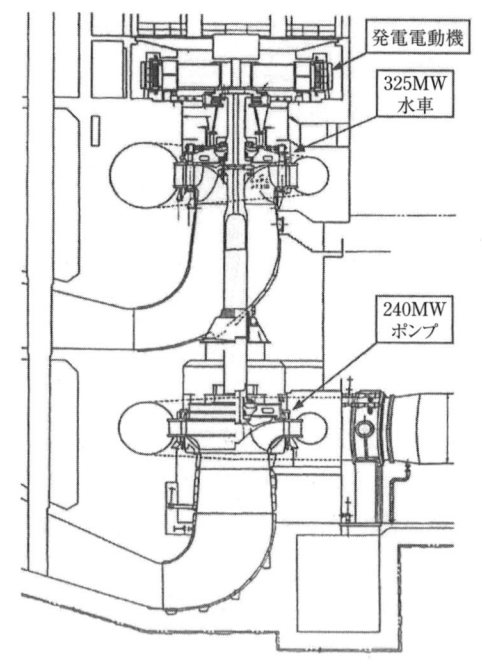

図 2.2.23　タンデム式ポンプ水車

関東大震災などの試練に耐えての奮闘であった．

　昭和に入ると1930（昭和5）年に落差変動に対応するため，交流二次励磁方式による可変速発電機を備えた国産初のカプラン水車（700kW）が金沢市吉野第二発電所で実現した．1933年には発電機とペルトン水車，電動機と6段タービンポンプを持つ季節調整用の別置式揚水発電所が，北陸電力小口川第三発電所に誕生した．これが我が国初の揚水発電所である．翌年の1934年には，東北電力池尻川発電所で，横軸発電電動機の両端にフランシス水車とポンプを直結したタンデム式揚水機が実現した．一方，工場動力の急増，鉄道の電化などによる電力需要は増加して，次々と1万kWクラスの発電所が建設された．この時期に，朝鮮半島の豊富な水力資源を利用して窒素肥料を生産する計画が持ち上がった．この計画は，北朝鮮と中国の国境を流れる鴨緑江（おうりょくこう）およびそれに流れ込む支流を同時に開発する大計画であった．1929年から1942年にわたり，横軸ペルトン水車，立軸フランシス水車合計42台，合計出力161万kWの開発が行われた．なかでも，鴨緑江に各7台設置された水豊（すいほう）発電所向け10万kVA発電機，10.5万kWのフランシス水車は当時の世界最大容量記録品であった．

　第二次世界大戦中には電力需要は増えたが，軍需産業優先で資材が配給制となり，電力需要の増大にもかかわらず新しい発電所建設は制限された．1945年には，そのときまで凍結されていた東北電力宮下発電所の工事が再開されて，1946年には運転を始めている．我が国では戦後の復旧のため，まず水力開発による電力復興が計画され，1948年に電源開発五箇年計画が策定されて，翌1949年に38地点の水力発電所建設が認可された．これに基づいて，5～7万kWクラスの発電所が多く建設された．関西電力丸山発電所の72.5kVA発電機には，回転子の下にスラスト軸受を設けたいわゆる傘型構造が初めて採用された．1952年には大規模な電源開発を目的にした電源開発（株）が設立されて，10万～14万kWクラスの大規模水力発電所が続々実現した．この計画の中に，1956年から1963年にかけて建設された，我が国の代表的な大型水力発電所である前述の奥只見，御母衣（みぼろ），田子倉発電所が含まれる．

　1960年後半から我が国の経済は急成長し，それに伴い電力需要も急増した．これに対処するため，1960年代には火力発電所が次々建設されて，ついに1961年に火力発電容量が水力発電容量を超えて，火主水従の時代になった．

　国内の電源開発が一段落した1960年ごろから国内各メーカーはその余力を駆って世界各国への輸出を始めた．性能，品質のよさ，工程管理の厳守など日本

製品の評価は高く，記録品を含めて数多くの機器が世界中に輸出された．これら超大型機器の製造経験を通して，国内メーカーの設計，製造技術は長足な進歩を遂げた．

1960年代からの火力発電の大容量化，1970年代に入っての原子力発電の伸展により，日本の電力系統に負荷応答性の悪い電源が増加した．そのため，1960年ごろから即応性の電源の不足が心配されるようになった．しかし，即応電源である水力開発地点は減少しているため，電力会社は，全く河川流量に頼らないですむ，上下の貯水池の水を上げたり下げたりするだけで発電，揚水を繰り返す「揚水発電所」の建設を推進した．経済性向上のため，より高落差の機器採用が望まれ技術開発が行われた．500mを超す超高落差揚水発電所はすでに10か所以上に及んでいる．現在，世界最高落差は東京電力葛野川発電所の728m，41.2万kWである．

一方，最近揚水発電所に可変速発電電動機が採用されるようになった．一般の三相同期機の発電電動機の場合はロータを直流で励磁するが，可変速発電電動機ではロータを巻線形にして，これに三相低周波交流を励磁して低周波の回転磁界を作り，それとステータの回転磁界の差でロータを回転させる．この方式を，低周波交流二次励磁方式という．おおよそ，規定回転速度の±7%程度を変化させられる．同期発電電動機と可変速発電電動機のシステムの相違を図2.2.24に示す．揚水時ポンプ入力は普通変えられないが，発電電動機を可変速にすることによっ

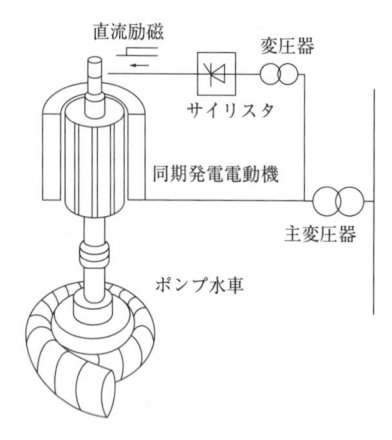

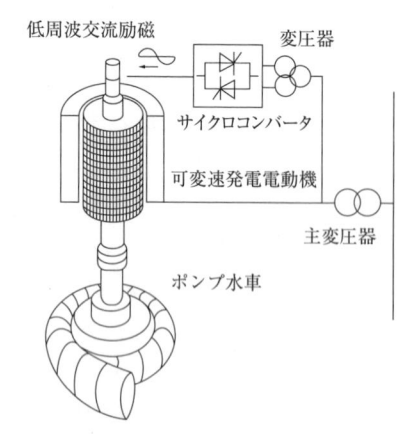

(a) 従来の同期発電電動機（定速機）　　(b) 可変速発電電動機（低周波交流二次励磁方式）

図2.2.24　同期発電電動機と可変速発電電動機のシステムの相違

て回転速度を変化させることにより，ポンプ入力も変化して系統周波数を調整することができる．発電時には，回転速度を落差や出力に応じて最適化することにより部分負荷効率の向上を図ることができる．

今後の水力発電の展望については，世界中には未だ開発可能な包蔵水力資源は多く存在しているが，残念ながらこれら資源のある開発途上国には技術力，経済力，資本力がなく開発が進まないのが現状である．地球温暖化の原因といわれている CO_2 を排出しないクリーンなエネルギー源としての水力発電は今後発展することが期待される．

一方，生活の身近にある河川の小さな落差，農業用水路，浄水場などの小さな流量を利用した小水力発電は建設時の環境負荷も少なく，分散電力需要にも対応できるメリットがある．これら小水力発電は，出力1万～1 000kWの小水力，1 000～100kWのミニ水力，100kW未満のマイクロ水力に分類される．今後はさらに，一層コンパクトな構造で安価な水力発電方式の開発，普及が望まれる．

2.3 火力発電

2.3.1 火力発電の仕組み

　火力発電は現在の電力供給の60％を占めており，依然として電力供給の主役である．世界初の火力発電所は，前述したように，1882年，ニューヨークのパールストリートに建設された．エジソンが白熱電球の優秀性を証明するために建設したといわれている．

　我が国初の火力発電は，1887（明治20）年，東京電灯が日本橋に建設した25kWの電灯用の火力発電所である．その後，電灯用から動力用の需要が増加するにつれ，火力発電所の大型化が図られた．しかし，1955年ごろまでは電源の主体は水力発電であった．1960年代に入ると，電源の主体は火力発電となり，電源は従来の水主火従より火主水従へと移行していった．その後，電力需要の増大に伴い火力発電の大容量化が進められ，350MW，600MWと段階的に大容量化が図られ，現在では1050MWが運転中である．図2.3.1に，火力発電所の単機容量と熱効率の変遷を示す．大容量化と高効率化が同時に進められてきたことが

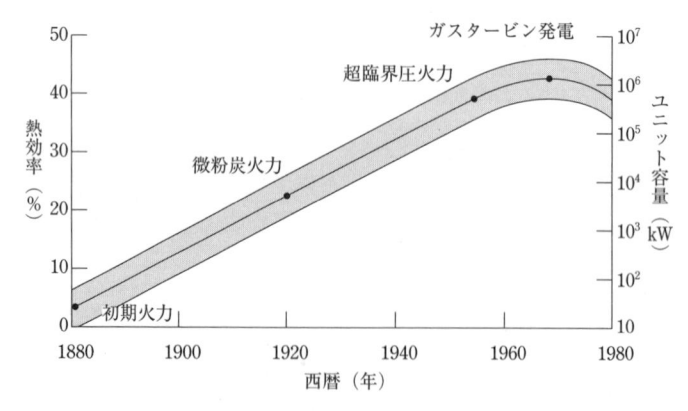

図2.3.1　火力発電所の単機容量と熱効率の変遷（出典：A. F. Amor, 米国電力研究所主催 第1回ICPP国際会議発表論文, 1986.11）

2.3 火力発電

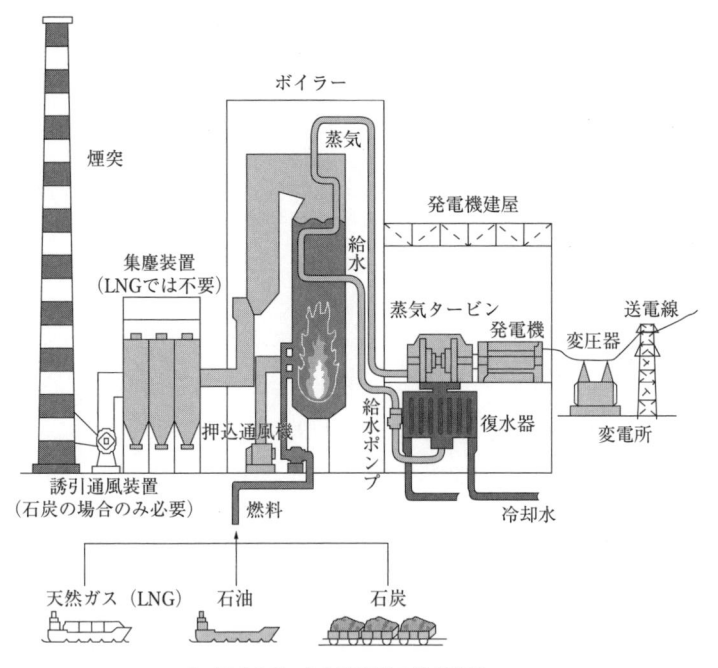

図 2.3.2 火力発電所の基本構成

わかる．

　火力発電は石油，石炭，天然ガスなどの化石燃料をボイラーで燃焼させ，この熱エネルギーをタービンで機械エネルギーに変換し，発電機で電気エネルギーとして取り出す発電システムである．作動媒体としては水・蒸気が使用される．給水加熱器で温められた水は給水ポンプでボイラーへ送られ，ここで化石燃料の燃焼熱で温められ蒸気に変換される．蒸気はタービンに送られタービン内で膨張してタービンを回転させる．タービンは発電機を駆動して電気エネルギーを発生させる．タービンで膨張した蒸気は復水器により冷却され再び水に戻される．このように，火力プラントはボイラー，蒸気タービン，発電機，復水器，給水ポンプ，給水加熱器などの主要機器より構成される．図 2.3.2 に，火力発電所の基本構成を示す．

2.3.2　火力発電の熱力学

　火力発電は化石燃料の持つ熱エネルギーを，水・蒸気を作動媒体として機械エ

第2章 発　電

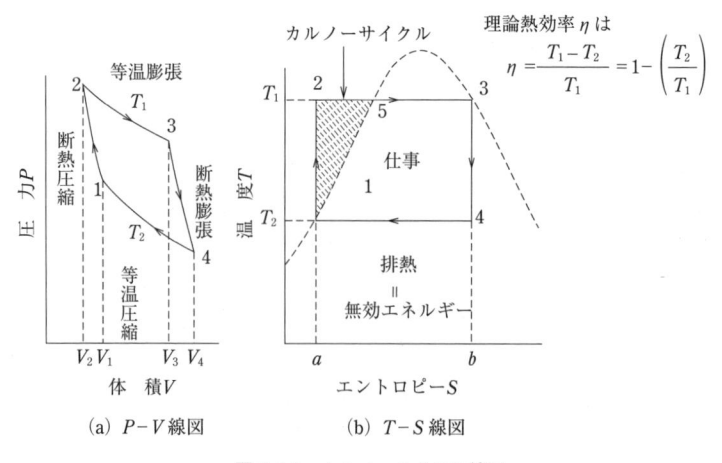

(a) P-V線図

(b) T-S線図

理論熱効率 η は
$$\eta = \frac{T_1 - T_2}{T_1} = 1 - \left(\frac{T_2}{T_1}\right)$$

図2.3.3　カルノーサイクル線図

ネルギーに変換する外燃熱機関である．この熱機関の基本サイクルを熱サイクルという．熱機関の基本サイクルは断熱圧縮，等温膨張，断熱膨張，等温圧縮を行う理想的な熱サイクルであるカルノーサイクル（Carnot's cycle）である．これはこのサイクルを考案したフランス人のカルノー（Nicolas Leonard Sadi Carnot, 1796-1832）の名にちなむ．カルノーサイクルの理論熱効率は，熱機関の入り口温度と出口温度の差を入り口温度で除することにより求められる．図2.3.3にカルノーサイクル線図を示す．

一方，火力発電の熱サイクルはランキンサイクルと呼ばれる．これはカルノーサイクルに比較的近いサイクルである．つまり，ボイラーで発生した過熱蒸気をタービンで断熱膨張させ，排出された蒸気を復水器で冷却し等温圧縮し飽和水とし，これを給水ポンプで断熱圧縮しボイラーへ送り込む．ボイラー内で等圧加熱され蒸発過程で等温膨張した後，加熱器で加熱して再び過熱蒸気とするサイクルである．水は加熱される過程において水・蒸気

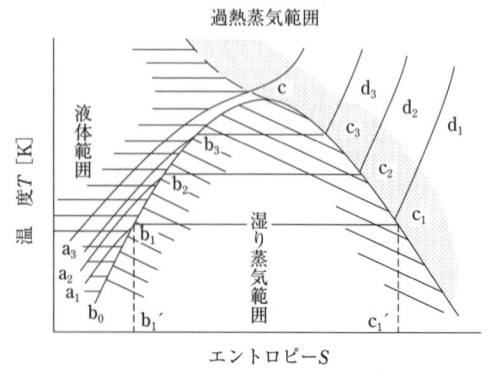

図2.3.4　蒸気の状態線図（T-S線図）

2.3 火力発電

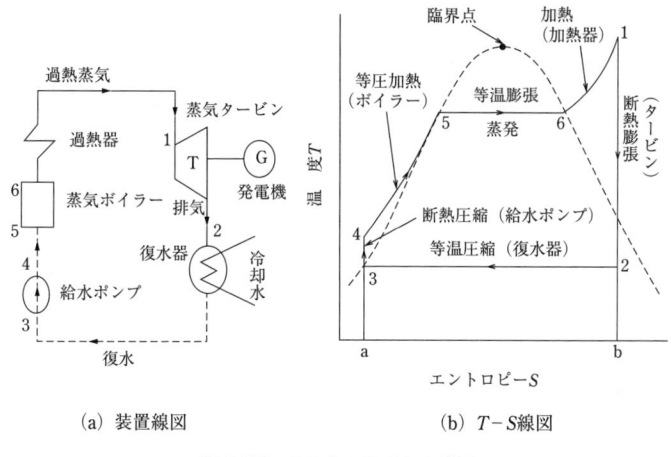

(a) 装置線図　　　(b) $T-S$ 線図

図 2.3.5　ランキンサイクル線図

の状態線図（図 2.3.4）の飽和線に沿って昇温し，沸点に到達した時点で温度は一定となり沸騰が始まる．この過程では水は蒸発して蒸気に変換され，すべての水が蒸気に変換された時点で再び昇温し過熱蒸気となる．過熱蒸気はタービンで断熱膨張し，復水器で冷却され再び水に戻される．このサイクルの形状はカルノーサイクルに比較的近い形状である．ランキンサイクル線図を図 2.3.5 に示す．

　熱機関のエネルギー変換は熱力学の二つの法則に従って行われる．一つは熱力学の第一法則で，これはエネルギーの保存則である．つまり入熱は熱機関で仕事に変換され，残りは排熱として排出される．この過程でエネルギーが途中で消失することはなく，入熱は仕事と排熱の和と等しくなる．もう一つは熱力学の第二法則である．これはすべての熱エネルギーを仕事に変換することはできない，熱機関のエネルギー変換効率は入熱から排熱を差し引いた仕事を入熱で除することにより求められる，というものである．これは結果的に熱機関の入り口温度から出口温度を差し引き，これを入り口温度で除することと等価になる．つまり，火力発

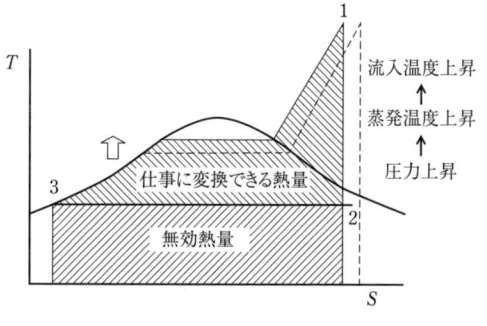

図 2.3.6　基準ランキンサイクル線図

第2章 発　　電

電プラントの熱効率は入り口温度，圧力を高め，出口温度，出口圧力を低下させることにより改善される．これを図示すると，図 2.3.6 のようになる．また，タービンで断熱膨張し温度の下がった蒸気を再びボイラーへ送り再加熱するシステムを再熱ランキンサイクルと呼んでいる（図 2.3.7）．再熱ランキンサイクルの採用によりタービンでの仕事量が増加するため熱効率は向上する．

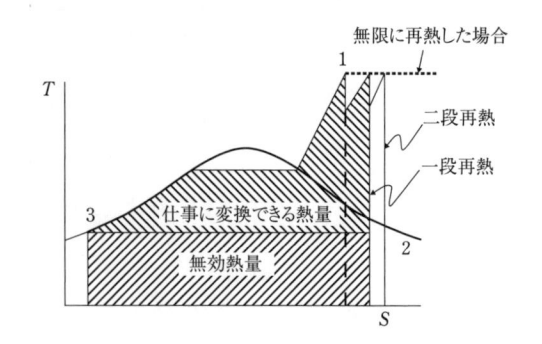

図 2.3.7　再熱ランキンサイクル線図

ランキンサイクルの損失の大半は復水器に捨てられる排熱である．したがってこの排熱を減少させれば熱効率は向上する．このため，ボイラーへの給水系統に給水加熱器を設置し，タービンからの抽気蒸気に

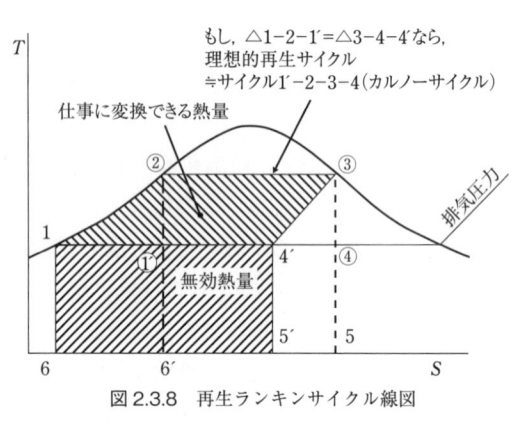

図 2.3.8　再生ランキンサイクル線図

よりボイラー給水を加熱するシステムを採用している．このようなシステムを再生ランキンサイクルと呼んでいる（図 2.3.8）．つまり，タービンの抽気蒸気は断熱膨張の途中で抽出され，ボイラーへの給水加熱に使うため復水器へ捨てる排熱を減少させることが可能である．

以上から，火力発電の熱効率の改善はタービンの入り口温度，圧力を高め再熱再生ランキンサイクルとすることが有効であることがわかる．

2.3.3　火力発電所の構成

（1）ボイラー

ボイラーは化石燃料を燃焼させて蒸気を発生させる装置である．ボイラーの付帯設備にはバーナー，節炭器，空気予熱器，通風装置などがある．

初期のボイラーはワット（James Watt, 1736–1819）の蒸気機関を駆動させるための蒸気発生器で，ワゴンボイラーと呼ばれる簡単な構造であった．その後1803年，イギリスのトレビシック（Richard Trevithick, 1771–1833）により高圧ボイラーが開発された．これは外殻に鋳鉄を使用し，圧力は145psiであった．

トレビシックはその後，錬鉄製の内部貫通煙道を持つコルニッシュボイラーを開発した．1844年には，フェアベーンとヘザリントンが外殻の直径を大きくし，円筒状の煙道を二つにしたランカシャボイラーを開発した（イギリスのランカシャ地方で広く使われていたため，この名がある）．その後のボイラーの大型化，高圧化に伴い，アメリカのバブコック＆ウィルコックス社（Babcock & Wilcox Company）により水管ボイラーが開発され，近代ボイラーの幕開けとなった．その後，1925年にはラ・モント（La. Mont）により強制循環ボイラーが開発され，大容量ボイラーの設計が可能となった．

(a) ボイラー本体

ボイラーは構造上，水管ボイラー，丸ボイラー，煙管ボイラーの3種類がある．一般の火力発電所で使用されるボイラーは水管ボイラーである．また，水管ボイラーは水の循環方式により，図2.3.9 (a)～(c) に示すように，次の3種類がある．

① 自然循環ボイラー

この方式は汽水ドラムを有し，蒸発管と下降水管中の水の温度差により，連続的に自然循環させる最も簡単で信頼性が高いボイラーである．

② 強制循環ボイラー

この方式はボイラー水の循環経路の途中に循環ポンプを置き，強制的に分配管寄せに水を送る方式のボイラーである．

③ 貫流ボイラー

この方式は汽水ドラムがなく，給水は給水ポンプによってボイラー入り口から強制的に送られ，火炉に配置された管内を流れる間に熱を吸収し，順次，蒸発，過熱されて，管の他端から過熱蒸気として送り出されるボイラーである．高温・高圧の蒸気を必要とするボイラーに採用される．

(b) ボイラー付帯設備

ボイラーの付帯設備は熱の流れに沿って配置されている．すなわち，図2.3.9 (a) に示すように，火炉，汽水ドラム，過熱器，再熱器，節炭器，空気予熱器，通風装置から構成される給気・排気系統からなる．

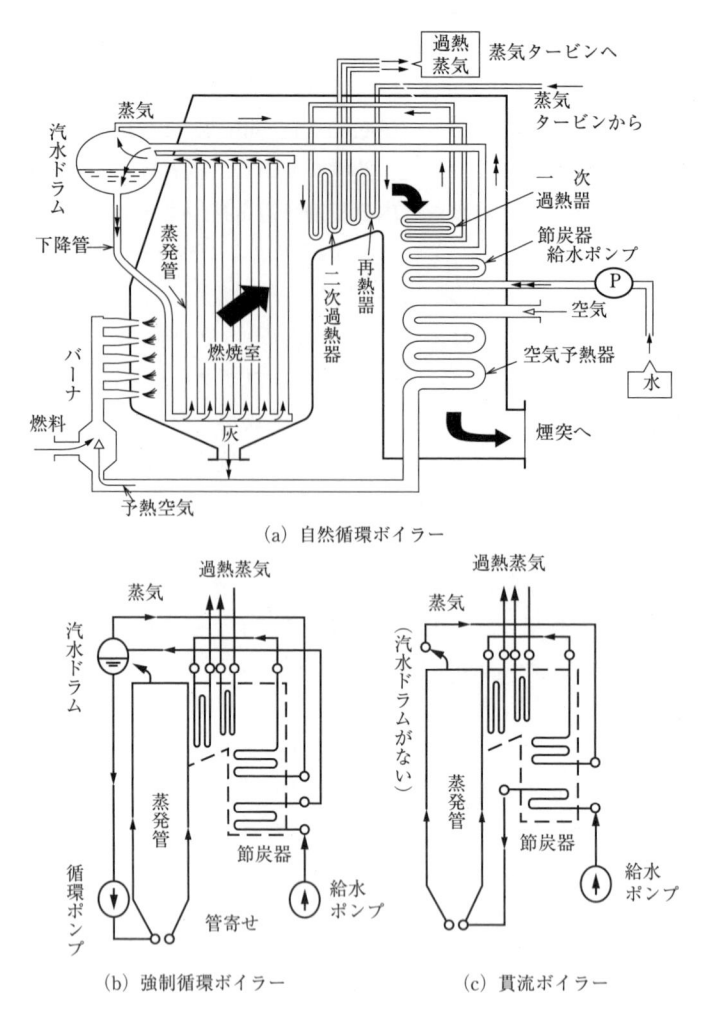

図2.3.9 水管ボイラーの概念図

(a) 自然循環ボイラー
(b) 強制循環ボイラー
(c) 貫流ボイラー

① 火炉

火炉はバーナーから吹き込まれた燃料と空気をよく混合して完全燃焼させる燃焼室である．そこで発生した高温の燃焼ガスは水管から熱を奪われ，ガス温度は冷却される．大型ボイラーで火炉出口のガス温度は1 000〜1 300℃程度である．

② 汽水ドラム

汽水ドラムはその内部に蒸気と水部を持ち，内部の汽水分離によって蒸発か

ら発生した蒸気と水を分離するものである．円筒形の構造をしている．
③ 過熱器

汽水ドラムまたは蒸発管から送られてきた飽和蒸気を過熱するものであり，一般に燃焼ガスの通路中に置かれる．蒸気の温度調節には，煙道からガスの一部を取り出し，再び火炉内に入れて過熱器への熱量を加減する方式などがある．

④ 再熱器

再熱器は熱効率の向上とタービン翼のドレインによる侵食防止のため，一度，高圧タービンで仕事をした低温低圧の蒸気をボイラーへ戻して再過熱し，再び中圧・低圧タービンで仕事をさせるものである．

⑤ 節炭器

煙道ガスの予熱を利用してボイラー給水を加熱し，ボイラープラント全体の熱効率の向上を図るものである．

⑥ 空気予熱器

節炭器を通った排ガス中の熱を利用し，空気をボイラーへ送り込む前に空気を加熱して排熱を回収し，ボイラー効率を高めるための熱交換器である．

⑦ 通風装置

図2.3.10にボイラーの給気・排気系統概念図を示す．通風装置は燃焼に必要な空気をボイラーへ供給し，発生した燃焼ガスをボイラーから排出するための装置であり，送風機による通風が行われる．通風方式には押込通風と，誘引通風と，両者を併用した平衡通風の3方式がある．

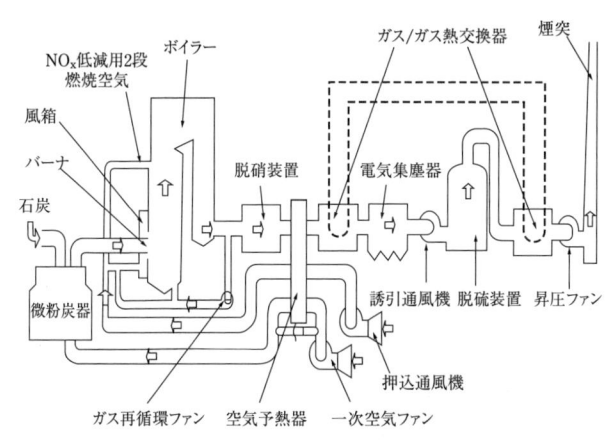

図2.3.10　ボイラーの給気・排気系統概念図

(c) 環境対策設備

図 2.3.11 は火力発電所における環境対策の概念図を示す．

通風装置を通って排出される排ガスによる大気汚染を防止するため，種々の環境対策設備を設置している．図 2.3.11 に示すように，排ガス中の窒素酸化物を取る排煙脱硝装置，硫黄酸化物を取る排煙脱硫装置，煤塵を取る集塵器から構成される．

① 排煙脱硝装置

燃料中の窒素分や空気中の窒素が酸化すると，二酸化窒素などの窒素酸化物 NO_x が発生する．排煙脱硝装置はボイラーで生じた NO_x を含む排ガス中にアンモニアの還元剤を注入し，触媒上で NO_x を窒素と水に分解する触媒還元方式が多く採用されている．一方，燃焼温度が高いほど，空気中の酸素と窒素が反応し多くの窒素酸化物が発生する．そこで，燃焼用の空気にボイラーからの排ガスの一部を混入し，不活発な燃焼を行って燃焼温度を下げる方法も採られている．

② 排煙脱硫装置

排ガス中の硫黄酸化物を除去するため，湿式石灰石膏法の排煙脱硫装置が多く採用されている．これは石灰石などのアルカリ性吸収液スラリーおよび水溶

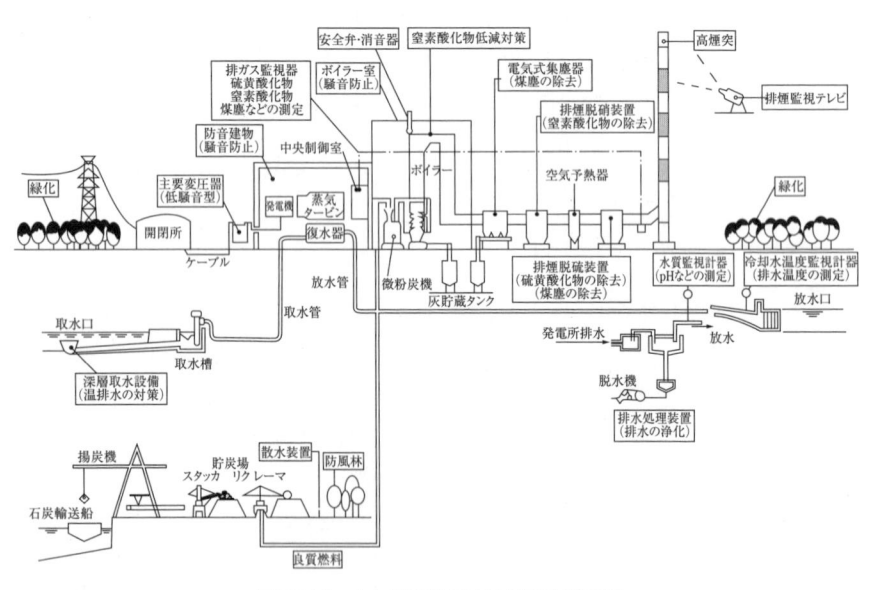

図 2.3.11　火力発電所における環境対策の例

2.3 火力発電

液で SO_x を吸収・除去し，石膏などを回収する方式である．脱硫率は 80 〜 95％である．

③ 集塵器

石炭火力では，石炭の燃焼によってクリンカなどの灰が発生する．クリンカは火炉から落下するもので全生成灰の 3 〜 15％である．残りの灰はフライアッシュと呼ばれ，集塵器で 70 〜 95％，節炭器，空気予熱器，脱硫装置でも捕捉され，排煙中の灰はわずか 0.1％程度に低減される．さらに電気集塵器により 99％以上が捕捉される．電気集塵器は直流高電圧を課電し，コロナ放電を利用して煤塵を捕捉している．

(2) 蒸気タービン

蒸気タービンは蒸気の持つ熱エネルギーをいったん速度エネルギーに変換し，さらに機械エネルギーに変換して発電機を駆動するものである．蒸気の作動方式としては衝動式と反動式がある．最初の実用的な駆動タービンは，1883 年スェーデンのド・ラバル（Gustaf de Laval, 1845–1913）によって発明された．これは単段のノズルと動翼を組み合わせた簡単な衝動タービンであった．また，1884 年にはイギリスのパーソンズ（Charles Algemon Parsons, 1854–1931）が多段の反動タービンを発明した．その後，蒸気タービンは大容量化が図られていったが，基本原理はこれらのタービンと変わらない．現在ではこれらを組み合わせた蒸気タービンが主流であり，単純な区分けは難しくなっている．

蒸気タービンは蒸気の作動方式，タービンの車室数，軸数，蒸気の処理法により次のように分類される．

(a) 蒸気の作動方式による分類

蒸気の作動方式により衝動タービンと反動タービンに分類される．

衝動タービンは，図 2.3.12 に示すように，ノズルから出た高速の蒸気が回転羽根に衝突するときに生ずる衝動力を利用して回転子を回すものである．衝動タービンは高圧蒸気に適し構造は小型である．

一方，反動タービンは，図 2.3.13 に示すように，

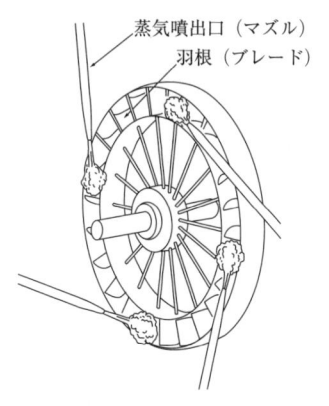

図 2.3.12　ド・ラバルの衝動タービン

第2章 発　　電

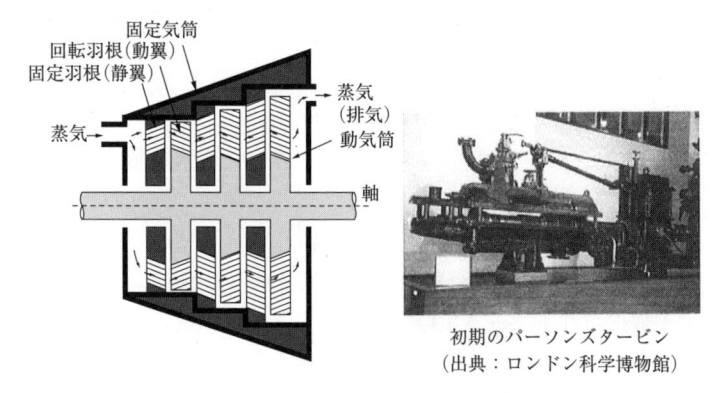

図 2.3.13　パーソンズの反動タービン

蒸気が回転羽根に衝突して離れるときの反動力を利用して回転子を回すものである．蒸気は固定羽根と回転羽根が交互に配置されている蒸気通路を通り，固定羽根で膨張して高速度となり回転羽根に送られる．固定羽根から回転羽根に入るときは衝動力，回転羽根から出るときは反動力の2種類の力でタービンを回すことになる．反動タービンは中・低圧蒸気に適し構造は大型である．

現在の火力発電所では一般的に高圧部に衝動タービン，中・低圧部に反動タービンを配列した混式タービンが採用されている．

(b) 車室数，軸数による分類

(a) くし形タービンの例
　　（タンデムコンパウンドタービン）

(b) 二軸タービンの例
　　（クロスコンパウンドタービン）

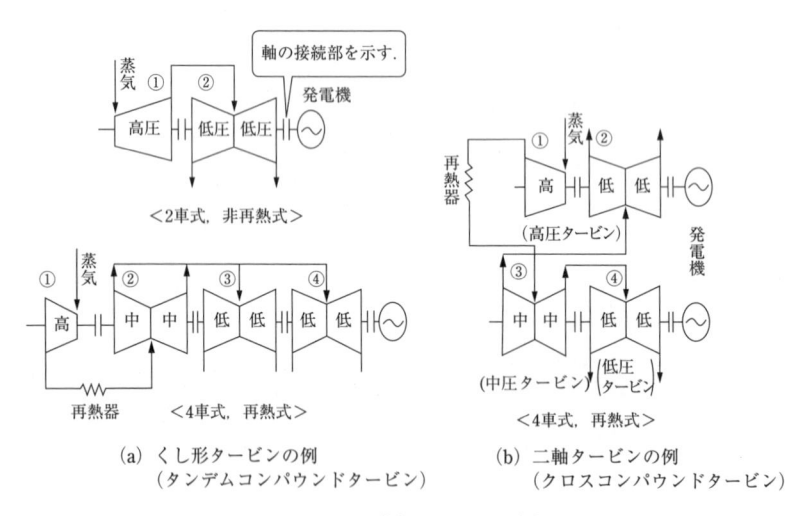

図 2.3.14　蒸気タービンの形式

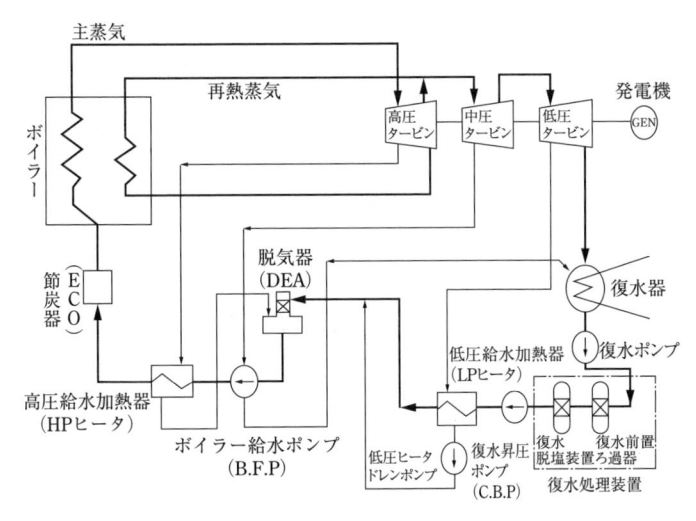

図 2.3.15 蒸気タービンの復水・給水系統

蒸気タービンでは車室数により単車室と多車室に分類される．また，多車室で車室が一つの軸心上にくし型に配列されているものを，くし形タービンまたはタンデムコンパウンドタービンという．また，二つの軸心に配列されているものを，二軸タービンまたはクロスコンパウンドタービンという．蒸気タービンの型式の例を図 2.3.14 に示す．

(c) 蒸気の処理法による分類

蒸気をタービンで膨張させ，そのまま復水器に排気し凝縮させるものを復水タービンという．これに対し，タービンで膨張した蒸気を，ある圧力で工場やプロセスに直接送気するものを背圧タービンという．また，タービンの途中から抽気するものを抽気タービンという．背圧タービンや抽気タービンは主として自家用発電設備に使用される．

図 2.3.15 に蒸気タービンの復水・給水系統を示す．

(3) 復水器

復水器は蒸気タービンで膨張した排気蒸気を凝縮復水させる装置である．タービンからの排気蒸気を冷却水が通る冷却管などの伝熱面を通して熱交換させるものであり，主として表面復水器が用いられる．表面復水器の構造を図 2.3.16 に示す．また，地熱発電所などでは冷却水を直接接触させる混合式が採用されてい

る．冷却水としては海水や河川水が利用され，わずかに温度が高くなった水は温排水として放水される．また，系外から復水器へ流入した空気などの不凝結ガスは空気抽出器で系外へ排出される．空気抽出器には真空ポンプが採用されるが，地熱発電所のように大量の不凝結ガスが含まれる場合は，蒸気式エジェクタが採用される．

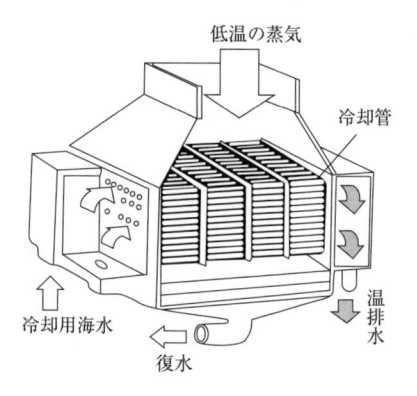

図2.3.16　表面復水器の構造

（4）給水加熱器

給水加熱器はタービン抽気で給水を加熱する装置である．給水ポンプの吸い込みまでの給水を加熱する低圧型と，給水ポンプ以降の圧力の高い給水を加熱する高圧型がある．高圧給水加熱器の構造を図2.3.17に示す．

給水加熱器の構造は，給水が加熱管内を流れ，外部から蒸気，凝縮熱水で加熱される表面式であるが，蒸気と直接接触させる混合式もある．給水加熱器は横置き式が一般的であるが，縦置き式のものもある．

また，給水ポンプ吸い込みには脱気器が設置される．脱気器の構造を図2.3.18に示す．給水中の溶存酸素を除去し，給水ポンプに押し込み圧力を加えるため，タービン建屋の高い位置に設置され，タービンからの抽気蒸気と直接接触する方式が採用されている．

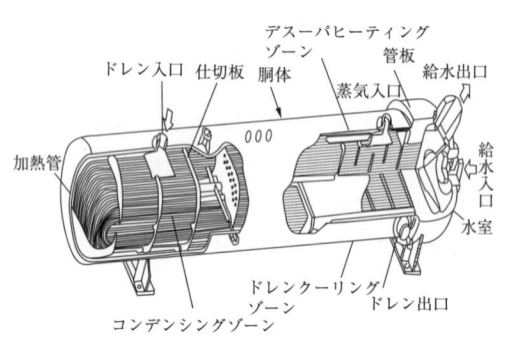

図2.3.17　高圧給水加熱器の構造

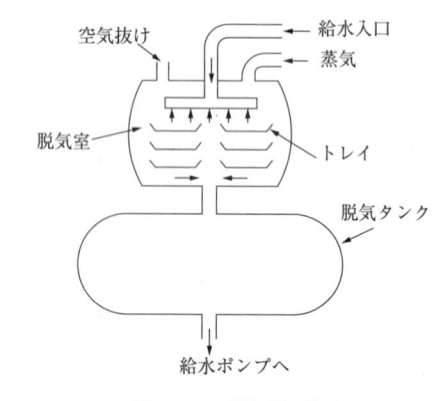

図2.3.18　脱気器の構造

2.3 火力発電

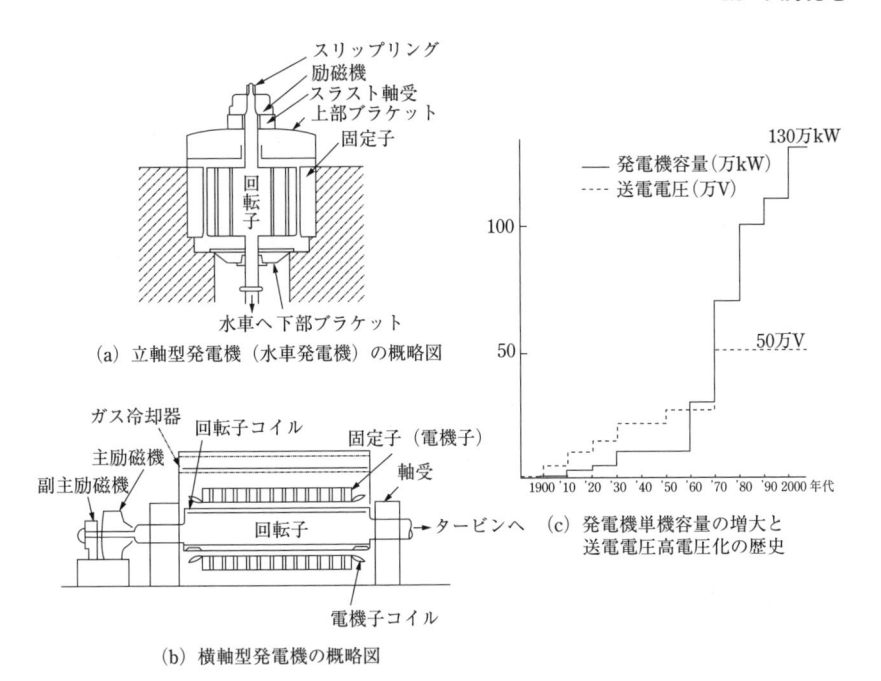

図 2.3.19 発電機の構造図と単機容量の変遷
(a) 立軸型発電機（水車発電機）の概略図
(b) 横軸型発電機の概略図
(c) 発電機単機容量の増大と送電電圧高電圧化の歴史

(5) 発電機

蒸気タービンによって変換された機械エネルギーを電気エネルギーへ変換するために，タービン発電機が採用される．発電機の回転数は 3 000rpm（周波数 50Hz）または 3 600rpm（同 60Hz）と非常に高速である．発電機は二極円筒形の回転界磁形三相交流同期発電機が用いられる．図 2.3.19 に発電機単機容量の変遷と立軸型，横軸型発電機の概略構造図を示す．

我が国の火力発電所の大容量発電機の最大出力の一例としてはタンデム機で 1 000MW，クロス機で 1 050MW である．発電機の容量は主軸の製作限界，および冷却方式によって左右される．大容量

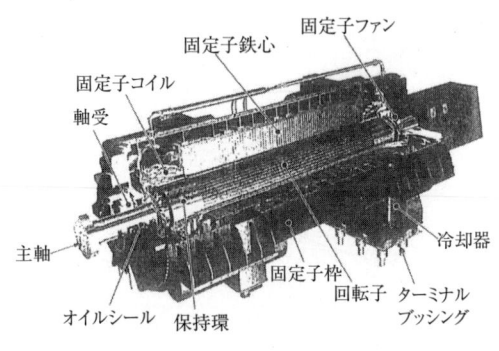

図 2.3.20 大容量発電機の構造の特徴

65

発電機の構造の特徴を図 2.3.20 に示す．100MW 以下の小容量機では回転子，固定子とも空気冷却であるが，容量増加に伴い回転子は水素冷却に，また，固定子は水素冷却から水冷却へと変遷する．

発電機の電圧は大型のものは 15 ～ 30kV，小型/中型の発電機は 3.3 ～ 11kV のものが多く用いられている．

2.3.4　コンバインドサイクル発電

コンバインドサイクルは，ガスタービンサイクルと蒸気タービンサイクルの組み合わせにより熱効率を高めた熱サイクルである．図 2.3.21 にコンバインドサイクル系統図を，図 2.3.22 にコンバインドサイクルの原理を示す．

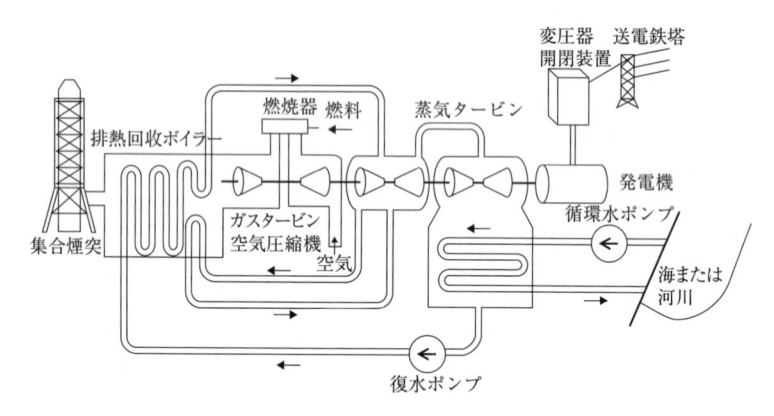

図 2.3.21　コンバインドサイクル系統図

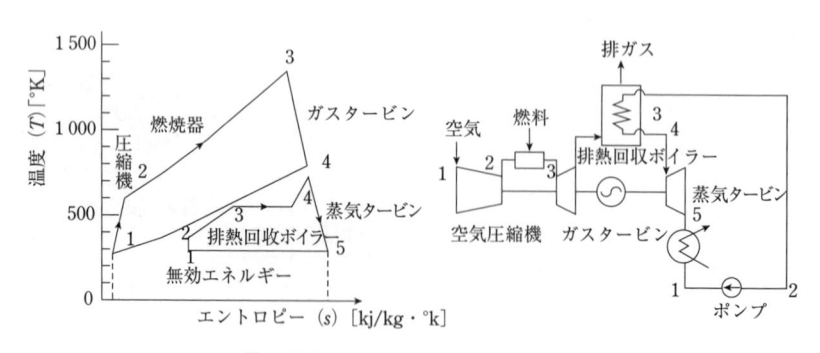

図 2.3.22　コンバインドサイクルの原理

2.3 火力発電

ガスタービンの熱サイクルはブレイトンサイクルといわれているが，単独サイクルではガスタービン排ガス温度が高いため熱効率はそれほど高くない．一方，蒸気タービンの熱サイクルはランキンサイクルと呼ばれ，蒸気圧力，温度の上昇により 40％レベルの熱効率は達成している．コンバンドサイクルの特徴は，ガスタービンの高い温度の排気ガスを，排熱回収ボイラーを設置して回収し，蒸気を発生させてこれを蒸気タービンで仕事に変換している（図 2.3.22）．このような二つの熱サイクルの組み合わせにより高い熱効率を達成できる．1 100℃級ガスタービン（GT）との組み合わせで 44％，1 300℃級で 48％，1 500℃級で 52％の熱効率を達成している．図 2.3.23 にガスタービン入口温度とコンバインドサイクル熱効率（％）を示す．

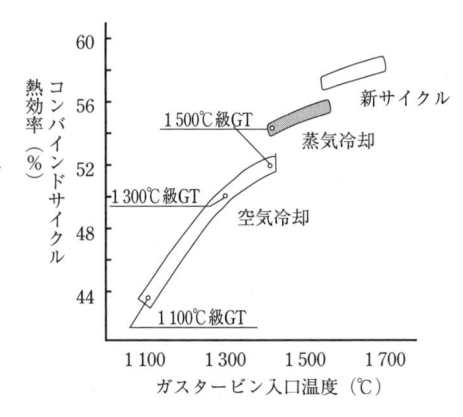

図 2.3.23 ガスタービン入口温度とコンバインドサイクル熱効率

（1）ガスタービン

ガスタービンは空気圧縮機により外部から空気を吸入・圧縮し，燃焼器で圧縮空気の中に燃料を噴射し燃焼させて高温・高圧の燃焼ガスを発生させる．このガスが膨張する過程でタービンを回し，発電機を駆動して発電する．標準的なガスタービンサイクルはブレイトンサイクルといわれ，圧縮―加熱―膨張―放熱の 4 過程からなる等圧燃焼サイクルで，開放単純サイクルが最も多く採用されている．大型ガスタービンの構造図を図 2.3.24 に示す．ガスタービン発電は出力の 50％を圧縮機の駆動力として消費するため，熱効率は 30 〜 32％と低い．しかし，排気ガスの温度が高いため，後流に熱交換器を設置して熱回収を図るコンバインドサイクルのトッピングサイクルとして利用される．

ガスタービンの燃焼温度の上昇により，コンバインドサイクルの熱効率が向上するため，近年，ガスタービンの入り口温度の上昇が著しい．ガスタービンの高温化は耐熱材料の開発と冷却方式の改良に負うところが大きい．ガスタービンの耐熱材料と冷却方式の変遷を図 2.3.25 に示す．耐熱材料は Ni 基の超合金が適用される．高温ガスにさらされる静翼，動翼には普通鋳造合金が適用されていた

が，ガスタービンの高温化に伴い，結晶制御合金である一方向凝固，単結晶合金が採用されるようになってきている．また，冷却方式は一般的に空気冷却が適用されるが，ガスタービンの高温化に伴い蒸気冷却も適用されるようになってきて

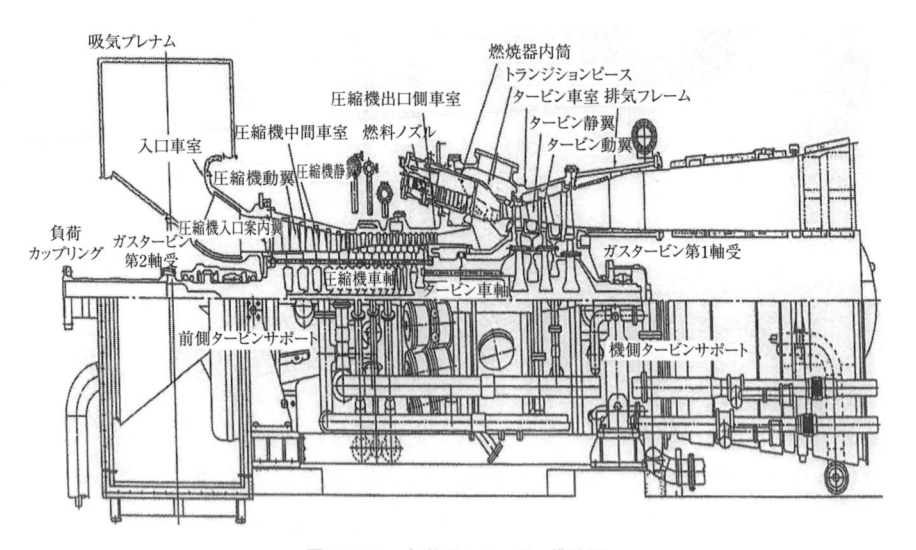

図 2.3.24　大型ガスタービン構造図

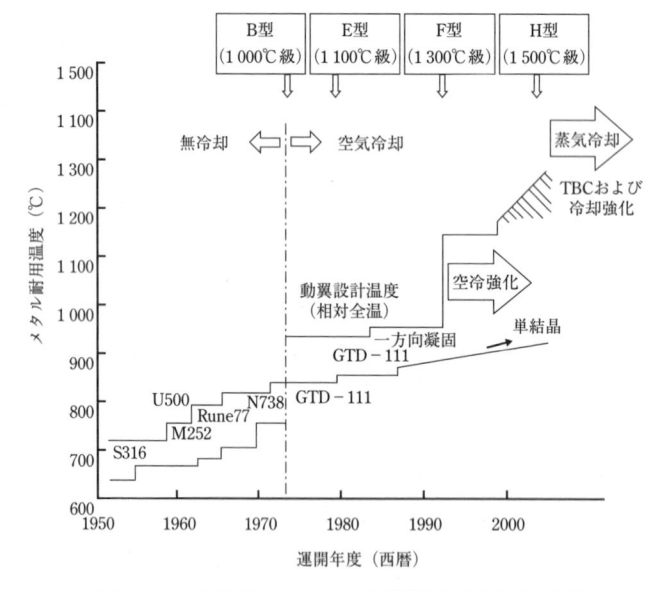

図 2.3.25　GE製ガスタービンの耐熱材料と冷却方式の変遷

いる．また，システムのコンパクト化を図るため，ガスタービン，蒸気タービン，発電機を一軸に連結した一軸式のものが多い．また，ガスタービン複数台に一台の蒸気タービンを組み合わせる多軸式も存在する．

(2) 排熱回収ボイラー

ガスタービンの高温の排ガスを回収し蒸気を発生させる熱交換器である．排熱回収ボイラーは一般的にドラム式自然循環ボイラーが適用される．最近は排熱回収効率を高めるため，ドラムを2個搭載した二圧式，3個搭載した三圧式が多く採用されている．排熱回収ボイラーの加熱管には伝熱効率のよいフィンチューブが使用される．また，配置は横置き式のものが多いが縦置き式のものもある．排出ガス中のNO_x濃度を低減させるため，ボイラー内の排ガス流路の途中に脱硝装置が設置される．（図 2.3.26）

(3) 蒸気タービン

排熱回収ボイラーで発生した蒸気は蒸気タービンで機械エネルギーに変換される．コンバインドサイクルでは，発生出力の$\frac{2}{3}$がガスタービン，$\frac{1}{3}$が蒸気タービンになるため，蒸気タービンは小型になる．排熱回収ボイラーで発生する蒸気も比較的の圧力，温度とも低い低圧低温の蒸気となる．ガスタービンの高温化に伴い，再熱式蒸気タービンが採用されるようになってきている．蒸気タービンは小型のものは単車室，容量の大きなものでも二車室で構成されている．（図 2.3.27）

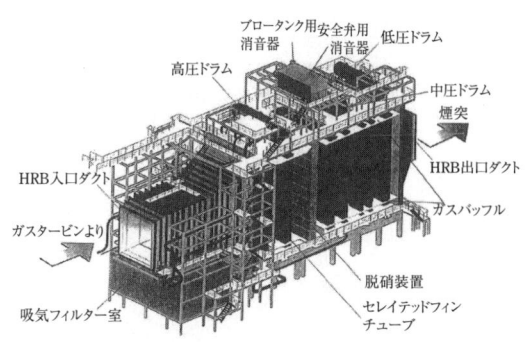

図 2.3.26　排熱回収ボイラー構造図

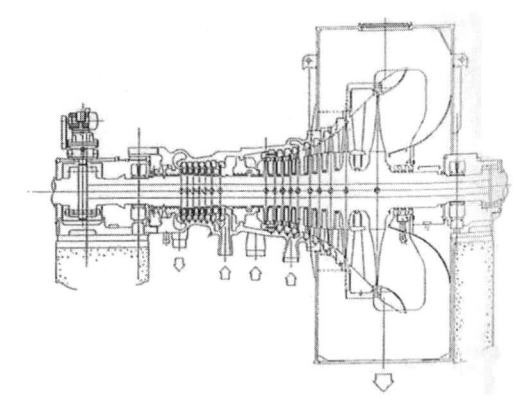

図 2.3.27　蒸気タービン構造図

第2章 発　　電

2.4　原子力発電

2.4.1　原子力発電の仕組み

原子力発電は我が国の発電量の$\frac{1}{3}$を占める重要な発電システムである．

1963年，日本原子力発電（株）が実験用原子炉で初めての原子力発電に成功した．1966年には，日本原子力発電（株）が東海発電所1号炉を運転開始した．その後，軽水炉主体に開発が進められ，現在では54基，4 885万kWが運転中で，日本の発電量の$\frac{1}{3}$を占める重要な電源となっている（図2.4.1）．しかし，2011年3月に発生した東日本大震災による原子力発電所の重大事故から原子力政策全体の見直しが図られている．

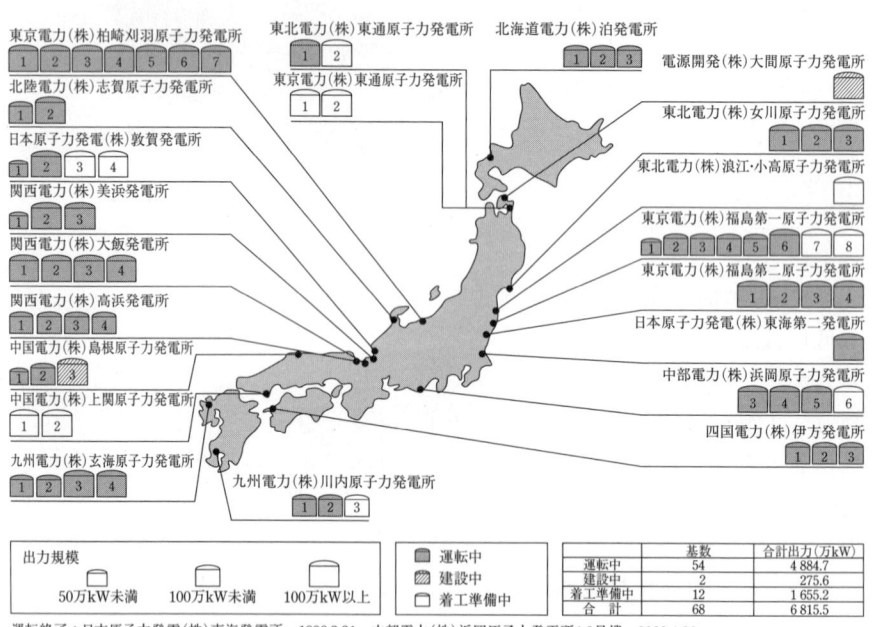

	基数	合計出力（万kW）
運転中	54	4 884.7
建設中	2	275.6
着工準備中	12	1 655.2
合　計	68	6 815.5

運転終了：日本原子力発電（株）東海発電所　1998.3.31，中部電力（株）浜岡原子力発電所1,2号機　2009.1.30

図2.4.1　日本の原子力発電所の分布図

2.4 原子力発電

　原子力発電はウランなどの核燃料を用いて核分裂反応時の原子エネルギーを電気エネルギーへ変換する発電システムである．すなわち，ウラン燃料が核分裂反応で出す熱で水を蒸気に変え，これをタービンに送って発電機を駆動し電気エネルギーを発生させている．原理的には汽力発電と同じである．つまり，ボイラーの代わりに原子炉，化石燃料の代わりにウランを燃料として用いている．

2.4.2　原子力発電の核分裂反応

　ウランなどの原子核に外部から熱中性子を衝突させると，原子核が不安定になり二つの核に分裂する．これを核分裂という．（図2.4.2）

　現在の原子力発電所で用いられている燃料はウラン235である．天然に産するウラン鉱では，核分裂しないウラン238が99.3％を占めており，ウラン235はわずか0.7％にすぎない．原子力発電所では，ウラン235の構成比を2～4％まで濃縮し，長期間にわたって少しずつエネルギーを取り出している．

　ウラン235の場合，1核分裂当たり約200MeVの熱エネルギーと2～3個の高速中性子が放出される．軽水炉では高速中性子を，減速材によって核分裂物質によく吸収される熱中性子に減速し，再び安定な原子核に衝突させて核分裂反応を起こさせる．このような分裂が次々起こることを連鎖反応という．核分裂の連鎖反応の加減は熱中性子をよく吸収する制御棒で行われる．現在の原子炉のほとんどは熱中性子炉である．

　一方，97％を占める燃えないウラン238は，核分裂の際に放出する中性子を吸

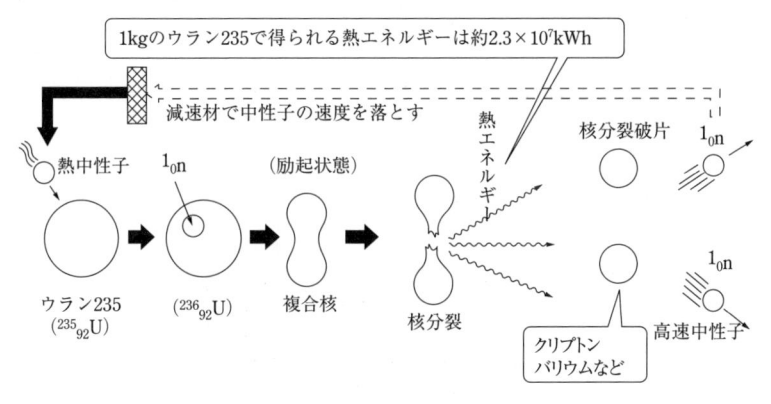

図2.4.2　ウラン235の核分裂

収し，0.6％がプルトニウム239に変化してエネルギーを出す．このプルトニウムは原子燃料の燃焼が進むにつれて増えるが，燃料を原子炉に入れてから3年間の累計発電量の3割はプルトニウムで発電していることになる．

　核分裂が起こると，燃料の中に放射性物質がたまるので，これが外に漏れないよう色々な安全上の工夫が施されている．放射線にはα線，β線，γ線などがある．放射線を出す性質のことを放射能という．放射性物質の強さが次第に弱くなり半分になるまでの時間を半減期といい，最後には放射能を発生しない別の物質に変化する．核分裂によって発生する中性子の数と，原子炉内での吸収や原子炉外への漏れによって消失する中性子の数が等しく，核分裂の連鎖反応が平衡を保つことを臨界状態という．原子炉は臨界状態に到達した後，連続的な核分裂反応が継続し発電を行うことになる．

2.4.3　原子力発電の炉形式

　現在の原子炉のほとんどは減速材と冷却材に普通の水を使う軽水炉である．
　軽水炉には加圧水型（Pressurized Water Reactor，PWR）と沸騰水型（Boiling Water Reactor，BWR）の2種類がある．世界で使用されている軽水炉の$\frac{3}{4}$はPWR，$\frac{1}{4}$はBWRである．日本では約半々である．図2.4.3にPWRとBWR原子力発電の仕組みについて比較して示す．

（1）加圧水型軽水炉（PWR）

　原子炉で発生した高温・高圧の熱湯を蒸気発生器（熱交換器）に送り，そこで別の系統を流れている水（冷却材）を蒸気に変えてタービンに送る方式である．炉は沸騰しないよう加圧器によって高圧にしている．我が国では北海道および関西電力，四国電力，九州電力の各電力会社で採用されている．

（2）沸騰水型軽水炉（BWR）

　原子炉の中で水を沸騰させて蒸気を発生させ，それをタービンに送る方式である．熱交換器がなく，蒸気が直接炉内で作られるので熱効率がよい．反面，放射能を帯びた蒸気が直接タービンに送られるため，蒸気タービン系でも放射能対策が必要である．我が国では東北電力，東京電力，北陸電力，中部電力，中国電力の各電力会社で採用されている．

2.4 原子力発電

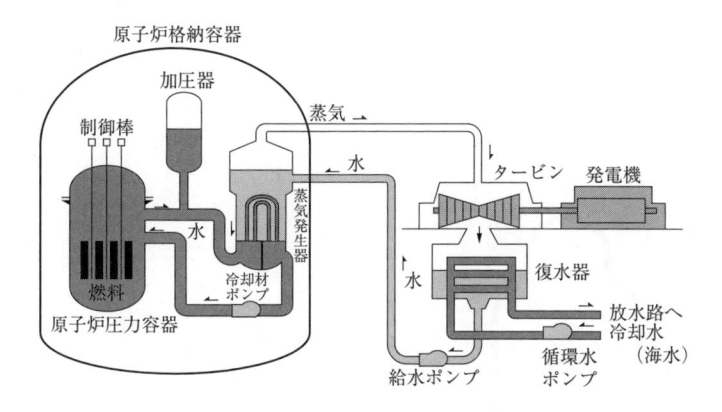

(a) 加圧水型（PWR）原子力発電の仕組み

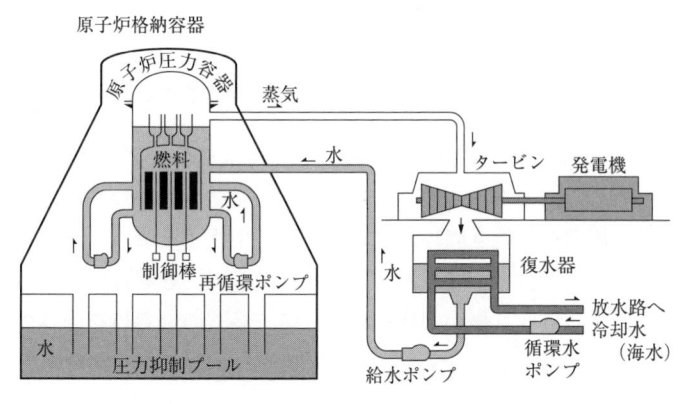

(b) 沸騰水型（BWR）原子力発電の仕組み

図 2.4.3　PWR と BWR の比較

2.4.4　原子力発電所の構成

(1) 原 子 炉

　原子炉は核燃料，減速材およびそれらを支持する構造物からなり，その回りを反射体と遮蔽体で包んでいる．沸騰水型（BWR）原子力発電所の構成を図 2.4.4 に示す．
　(a) 燃料棒
　核分裂物質としてはウラン 235 を用いる．ウラン 235 は二酸化ウラン，金属ウ

第2章 発　電

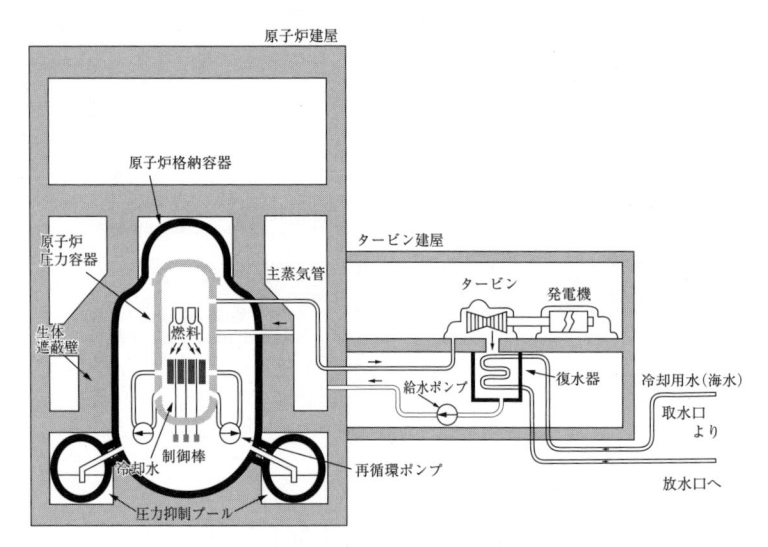

図 2.4.4　沸騰水型（BWR）原子力発電所の構成

ランの形で大量に用いられている．天然ウランにはウラン 235 は 0.7％しか含まれていないため，これを 2〜4％に濃縮した低濃縮ウランが軽水炉の核燃料として用いられる．核燃料を焼き固めたペレットを，中性子を吸収しないジルコニウム合金やマグネシウム合金でできた被覆管で密封して，燃料棒などの形に成形加工する．そしてさらに取り扱いが便利なように，多くの燃料棒を一体の燃料集合体としている．燃料集合体は PWR と BWR で多少異なるが，燃料棒を正方格子配列にし，その間に制御棒が挿入される構造となっている．原子炉の燃料集合体は約 $\frac{1}{3}$ ずつ，交互に年 1 回取り替えられる．燃料棒と制御棒の構造を図 2.4.5 に示す．

(b) 減速材

核分裂によって生じた高速中性子を減速させ，熱中性子として核分裂物質に吸収しやすくするのが減速材である．減速材としては，1 回の衝突当たりの中性子エネルギー損失が大きく，質量数の小さい軽水，重水，黒鉛などが採用される．

(c) 冷却材

核反応の際に放出される熱エネルギーを外部に移送する熱媒体の役目をするものである．現在の熱中性子炉では，比熱の大きさや熱の伝達能力から軽水，重水，炭酸ガスなどが用いられる．

2.4 原子力発電

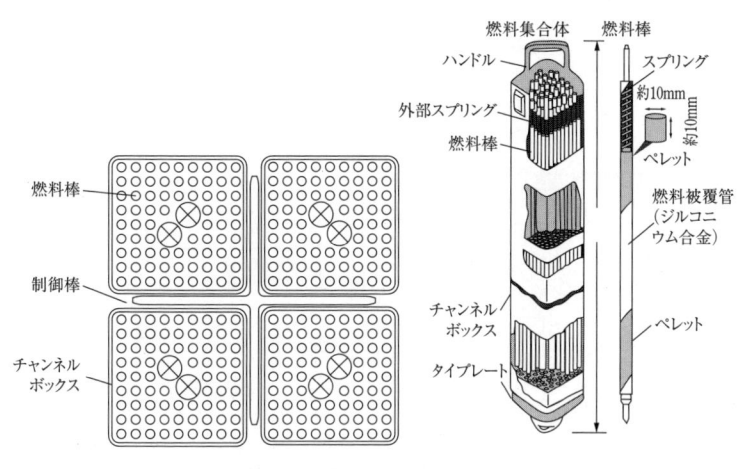

図2.4.5 燃料棒と制御棒の構造

(d) 反 射 材

炉心から炉外へ漏れる中性子を反射して中性子の損失を少なくするためのもので，減速材と同様に軽水や重水などが用いられる．

(e) 遮 蔽 材

γ線や中性子線などの放射線が炉外に出て人体に危害を加えるのを防止するためのものであり，コンクリートや鉛などが用いられる．

(f) 原子炉建屋

原子炉建屋は原子炉を収納する建屋であり，放射線の遮蔽のため，厚さ1m以上のコンクリートの壁が用いられている．（図2.4.6）

(g) 制 御 棒

原子炉の中性子を吸収し，核分裂の連鎖反応が持続して行われるよう，炉心に出し入れするものである．一般にカドミウム，ホウ素，ハフニウムなどの制御材を棒状にし，周囲をアルミニウムやステンレスで被覆して使用される．

(h) 構 造 材

中性子を受けたとき，耐食性がよく，中性子吸収の少ないものとして，炉心部容器，燃料被覆，熱交換器，導管類などにはステンレス鋼が，原子炉圧力容器には厚さ約16cmの炭素鋼などが使用される．

放射性物質を閉じ込めるペレット，被覆管，原子炉圧力容器，原子炉格納容器，ならびに原子炉建屋は五重の壁といわれている．

第2章 発　電

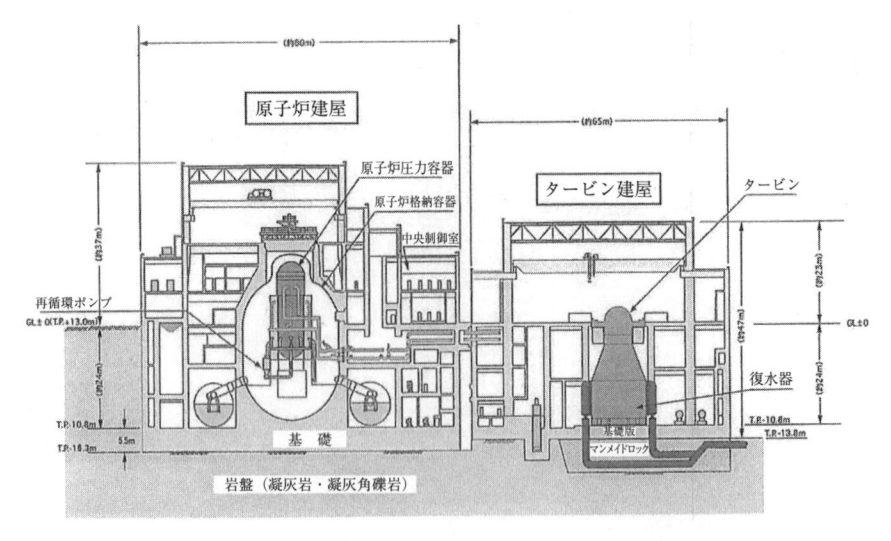

図 2.4.6　沸騰水型原子力発電所の原子炉とタービン建屋

(2) 蒸気タービン

　原子力タービンでは低圧の湿り蒸気が駆動蒸気として使用される．蒸気の体積が膨大となるため，4極発電機を用いて回転数を1 500rpm（50Hz）または1 800rpm（60Hz）として，火力用タービンの半分の回転数が採用される．図2.4.7にA-BWRタービンの組み立て断面図を示す．
　蒸気がタービン内で膨張する過程でさらに温度が下がり湿分も増加する．した

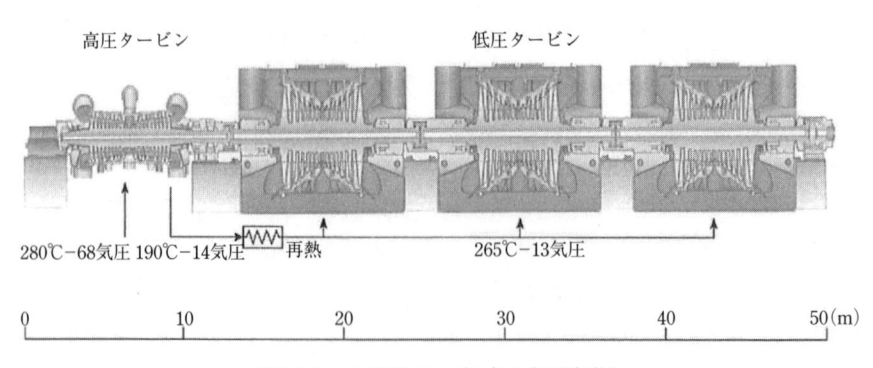

図 2.4.7　A-BWR タービン組み立て断面図

がって，蒸気タービンの中には十分なドレイン除去機構を設ける必要がある．特に低圧タービンで湿分の大きな段落では，羽根先端近傍の背面にドレイン捕捉用の溝を取り付けている．ここで捕捉されたドレインは遠心力により外周部へ飛ばされ，外周壁に設けたドレインポケットに回収されて低圧段落へカスケードされ，復水器へ排出される．圧力温度が低いため，ケーシング，弁類などの構造材には炭素鋼が使用される．

しかし，蒸気中に大量の湿分を含むため，ドレインが当たる部分には侵食に強い材料が使用される．

(3) 湿分分離器

原子力タービンは低圧の湿り蒸気が駆動蒸気として使用されるため，蒸気がタービン内で膨張する過程でさらに温度が下がり湿分も増加する．したがって，高圧タービンの排気系に湿分分離器を設置し，湿分を除去して低圧タービンに送り込んでいる．

湿分分離器は内部に波型の板を設置しており，蒸気はこの波型の板を通過する過程で遠心力を利用してほとんどの湿分が除去され，低圧タービンへ送り込まれる．

(4) 蒸気加熱式再熱器

高圧タービン排気系に設置された湿分分離器により湿分を除去された蒸気を加熱して低圧タービンへ送り込む蒸気式加熱器である．蒸気の加熱は主蒸気のみで行う1段蒸気加熱と，高圧タービンの抽気蒸気を併用して行う2段蒸気加熱の2種類がある．この方式の採用により，低圧タービンの利用エネルギーが増加できることと，低圧タービン全体の湿分が減少することにより，大幅な熱効率の改善が可能となる．最近建設される原子力プラントには，ほとんどの場合2段蒸気加熱式再熱器が採用されている．

2.4.5 原子力発電所の安全対策

原子力発電所では，異常や事故の発生を防止し，万一，このような事象が発生してもその拡大を防止するため，余裕のある安全設計，年1回の分解点検，強固な耐震設計が行われている．さらには，次のような多重防護による安全対策が設置されている．
① 誤操作，誤動作を防止する安全装置
② 自動監視装置・異常検出装置ならびに原子炉緊急停止装置
③ 緊急炉心冷却装置として，原子炉格納容器内へシャワー状に水をスプレーして内部を冷やす格納容器スプレー系と，炉心部を冷やす高圧注水系・低圧注水系から構成される冷却装置が設置される．
④ 放射性物質に対する原子炉建屋，格納容器などの5重の防護壁

また，東日本大震災（2011年）による福島第1原子力発電所の事故を受け，巨大地震による事故対策，非常電源の多重化と高台設置，水素爆発防止対策，シビアアクシデントに対するストレステストなどが義務づけられた．

2.4.6 放射性廃棄物処理

原子炉から取り出された使用燃料は再処理工場へ送られた後，ウランとプルトニウム，放射性廃棄物に分離される．分離された核生成物の硝酸溶液は，高レベル放射性廃液であるので，ガラス材と混ぜてステンレス容器内で固化し，長期間保管貯蔵され，最終的には地下深く埋設される．図2.4.8に高レベル放射性廃棄物の再処理プロセスと貯蔵方式を示す．また，原子力発電所運転中に出る床洗いの水や，作業に使った布・紙などの微量の放射能を含んだものは，低レベル放射性廃棄物として貯蔵施設に保管される．

高レベル放射性廃棄物処理：原子力発電所の使用済燃料を再処理したときに発生する核分裂生成物を含む放射能の高い廃液は，ガラス固化体にして，保管処理したのち，地中深く埋める。

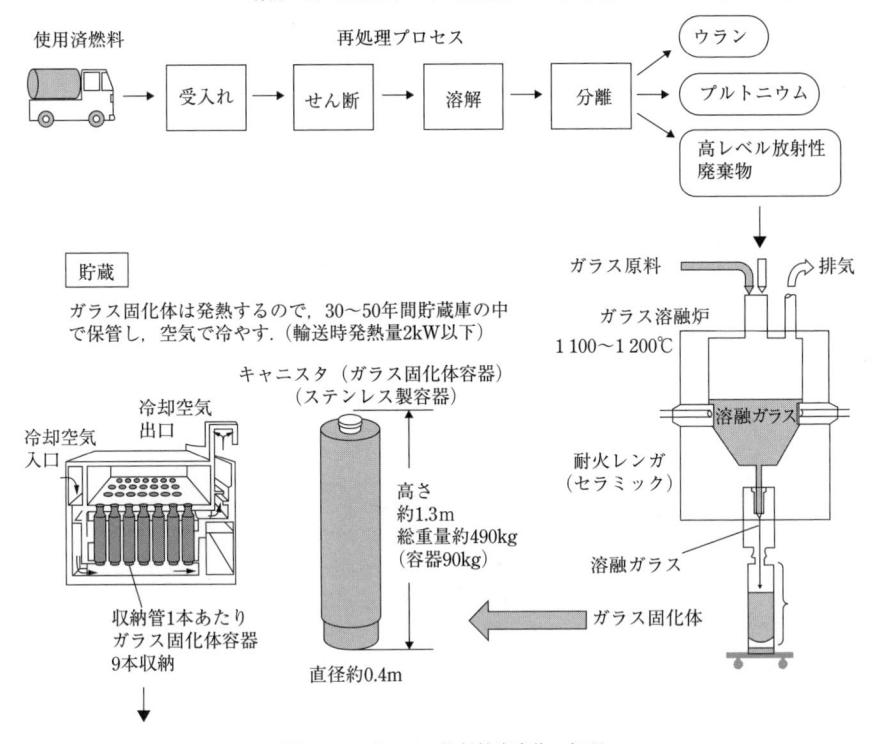

図 2.4.8　高レベル放射性廃棄物の処理

2.4.7　核燃料サイクル

　核燃料のウラン 235 は消費されて核種がやがて減り，連鎖反応ができなくなるので，使用燃料として炉心から取り出される．この中には含有率約 1%のウラン 235 と各種同位体組織を持つプルトニウム，ならびに約 3%の核分裂生成物が含まれている．そこで，使用燃料を化学的に処理して分離される回収ウランは，再濃縮して軽水炉に利用している．この循環を核燃料サイクルという．（図 2.4.9）

第2章 発　電

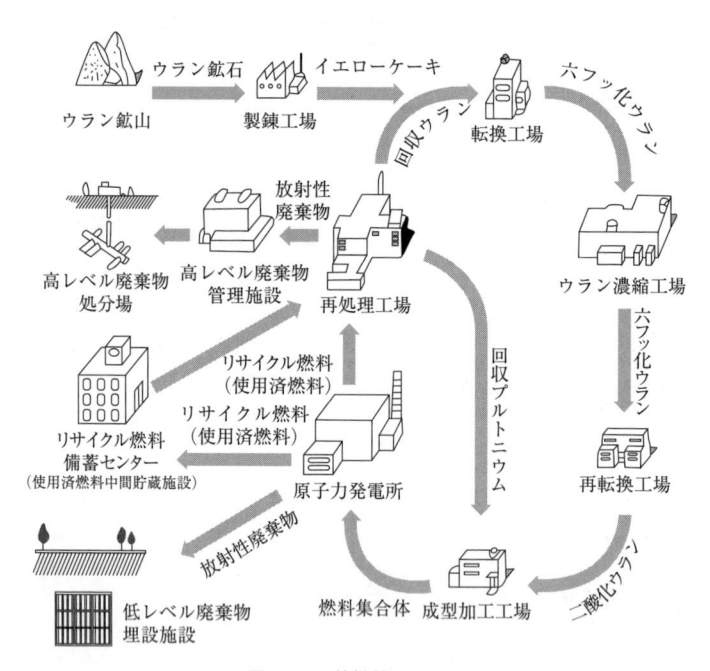

図 2.4.9　核燃料サイクル

核燃料サイクル：原子炉のウラン燃料（濃縮度 3〜4％）は 3〜4 年で交換するが，使用済燃料にはウランが約 1％ 残っており，またプルトニウムもできているので再処理し，燃料として再利用する．

2.5　風力発電

2.5.1　風力発電の仕組み

　風力発電は風車により風力エネルギーを回転エネルギーに変換し，発電機によって電気エネルギーに変換するものである．風力発電はオランダで農場や牧場に水をくみ上げるために利用されることから始まったが，その後，家庭用や工業用の発電に利用されるようになった．最近では，オイルショック以降，風力エネルギーの導入が石油代替エネルギーとして本格的に検討されるようになった．風力発電システムは風を受けて回転エネルギーへ変換する風車，ナセルと呼ばれる発電機収納部，これらを支える支持部（タワー）から構成されている（図2.5.1）．我が国は四方を海に囲まれていることから，海陸の温度差により海陸風が発生する地域が多く風力発電に適している地域が多い．風力発電は小規模発電に適しており，従来，離島やへき地のローカル電源として利用されてきたが，近年の自然エネルギー利用拡大の動きと相まって，太陽光と並ぶ重要な自然エネルギー発電と位置づけられている．

2.5.2　風車の種類

　風車はヨーロッパで古くから揚水，製粉，排水などに利用されてきたが，1890年代から発電用として使われ始めた．風車は回転軸が地面に対して水平になる水平軸型と，垂直になる垂直軸型に分けられる．垂直軸型は水平軸型のような風向制御を必要としない特徴がある．また，風車は動作原理から，風車のブレードに生ずる揚力を利用する揚力型と抗力型に

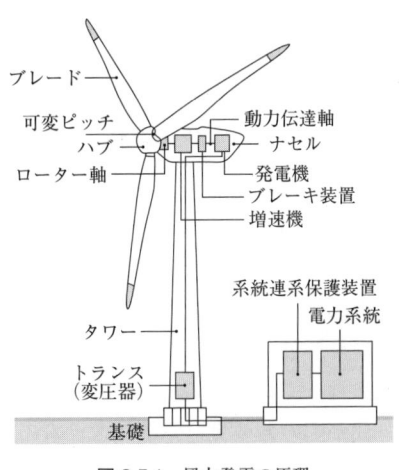

図2.5.1　風力発電の原理

分けられる．各風車の種類と特徴を以下に示す．（図 2.5.2）

① プロペラ型は発電用に最も多く用いられ，2～3枚の飛行機のプロペラに似たブレードを持ち高速回転する風車である．
② オランダ型は製粉や揚水に用いられ，翼の枠の上に布を張ったものを使用し，低速回転する風車で歴史も古い．
③ 多翼型は多くの金属製の羽根を持ったもので，アメリカの農場や牧場で揚水用に多く用いられている．低速で回転し，大きなトルクの出る風車である．
④ ダリウス型は円弧状の羽根を有し，風向きに無関係に回転し，風速以上の高い周速度が得られることから発電用に利用される．
⑤ サボニウス型は半円筒状羽根2枚で構成され，バケットの凹面と凸面の抗力差で作動し，起動トルクが大きく，回転数は低く静粛である．発電および駆動用に用いられる．

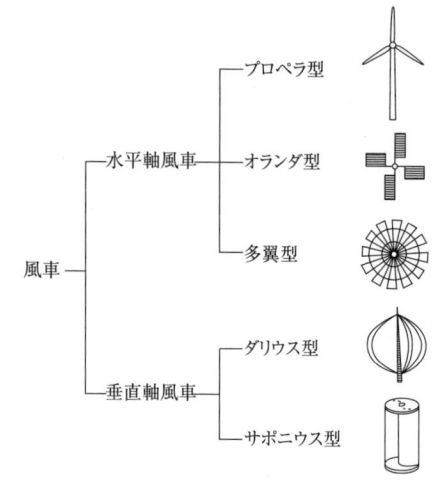

図 2.5.2 風車の種類

2.5.3 風力発電の原理

風車で取り出せるエネルギーは風車の回転面積に比例し，風速の3乗に比例するが，風の持つ運動エネルギーに比べ実際に得られるエネルギーは 10～30％程度であり理想状態でも 60％が限界とされている．これをパワー係数と呼び，風速比（$\frac{ローター風速}{風速}$）との関係（係数）を各風速について示したのが，図 2.5.3 である．

風況に恵まれた場所に多数の風車を集中的に配置する方式をウインドファームという．アメリカ，カリフォルニア州では 17 000 台の風車で 1 500MW の風力発電を行っている．

我が国の大型風力発電システムの開発は 1982 年 100kW の試験機が三宅島に設置され，その後，14-300kW 級の小中規模風車が離島用などに設置された．

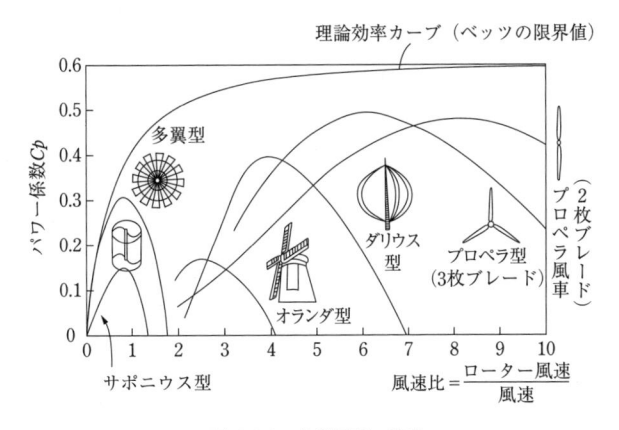

図 2.5.3　各種風車の特性

　1992 年には，津軽半島竜飛岬に我が国最大の集合型風力発電基地，275kW × 5 基が設置され実証試験が行われた．現在では 2 000kW 級の大型風車が設置されるようになって，本格的な商用風力発電が行われようになり，2010 年には風力発電の総設備容量が 240 万 kW を超え，現在も増加中である．

2.5.4　風力発電の運転と系統連携

　風力発電システムに使用されている発電機は同期発電機または誘導発電機である．同期発電機の場合は風車と発電機は直結され，発電機は風車の回転数に応じた任意の周波数の交流を発生させる．発生した交流電力は直流に変換され，再び系統の周波数に合わせた交流に変換して系統へ連携している．こうすることにより，風車を風速に合わせて回転数を制御し，最大の風エネルギーを得ることができる．一方，誘導発電機の場合は，増速機で系統周波数に合わせた一定回転運転を行い，系統周波数の交流電力を発生させて系統へ直接系統連携している．このため，定格風速以上の風がきた場合，ピッチ制御により風を逃がして運転するが，風速の変化にピッチ制御が追従できないときは風車の回転数は変化する．この対策として発電機に「すべり」を持たせ，ローターと発電機の双方におよそ 10％程度の回転数の変動を許容し，急激な風速変動があっても出力は一定になるよう工夫されている．（図 2.5.4）

第2章　発　　電

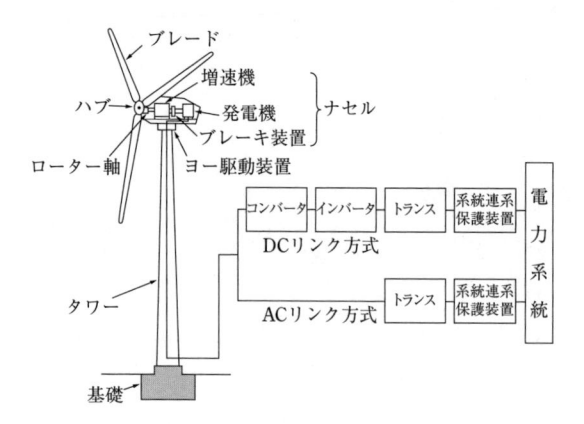

図2.5.4　風力発電の電力系統の連係

2.6 太陽エネルギー

自然エネルギーの中では，エネルギー量が膨大な太陽エネルギーを利用した太陽光発電や太陽熱発電が期待されている（図2.6.1）．太陽から地球に到達するエネルギーは世界の総エネルギー需要量の数万倍にもなる．しかし，太陽エネルギーはエネルギー面積密度が1kW/m^{2}と極めて低く，昼夜，季節間の差が大きいため，年間の平均日照率は約$\frac{1}{6}$（160W/m^2）にすぎず，実用化には低い設備稼働率，設備コストの低減が重要課題となっている．

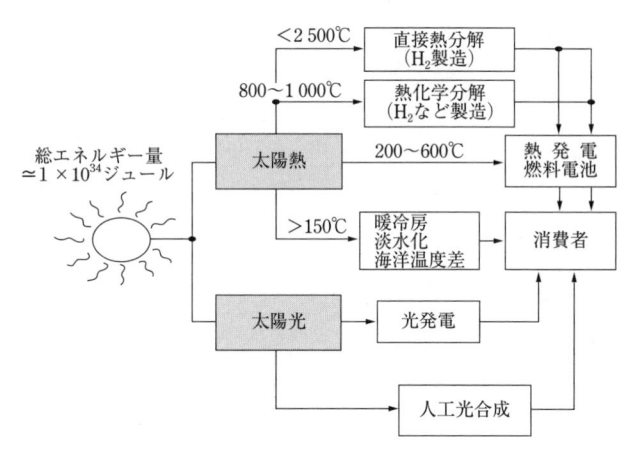

図 2.6.1　太陽エネルギーの利用形態

2.6.1　太陽光発電

太陽の光のエネルギーを電気エネルギーに変換するため，太陽電池が用いられる．太陽電池は，p型とn型の二つのシリコン半導体の薄層を接合したものに光を照射すると，p型の層はプラスに，n型の層はマイナスに帯電し，この両者に負荷回路を接続して電気を発生させるものである（図2.6.2）．太陽電池の半導体材料には単結晶シリコン（Si），多結晶シリコンならびにアモルファスシリコンが用いられる．これら太陽電池の種類と特徴を表2.6.1にまとめる．

第2章 発　電

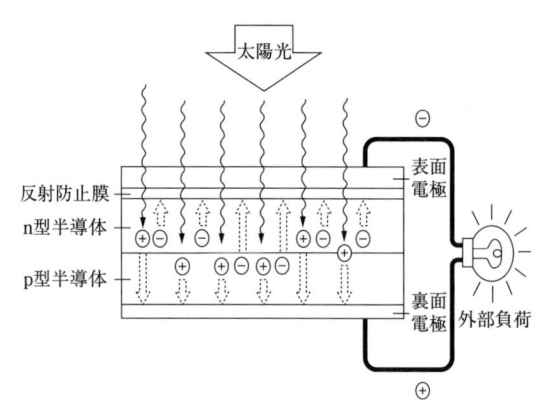

図 2.6.2　太陽電池の原理

表 2.6.1　太陽電池の種類と特徴

項目		種類	単結晶 Si	多結晶 Si（リボン，キャスト）	アモルファス Si
変換効率	理論効率		20～30%	15～20%	10～20%
	実用効率		15%	10%	6～8%
寿命・信頼性			良	良	初期劣化が大きい（最初の1年間で10%劣化）
製造に要する材料・エネルギー			多い	少ない	非常に少ない
技術達成度, 普及レベル			・技術的に成熟 ・低コスト・高効率セル開発中	・単結晶と同様に発電用として普及中 ・低コスト化を目指して研究開発中	・電卓など民需用として実用化．発電用としては効率，初期劣化の面で課題あり ・高品質化，大面積化などの研究が進展中
価　格			まだ高い	普通	安い

　所要の電圧・電流を得るため，太陽電池セルを直列および並列に多数並べて用いられる．太陽光発電システムは蓄電装置，直流電力を交流電力に変換するインバータ，ならびに各装置を監視・制御する制御装置から構成される．（図 2.6.3）
　太陽電池のコストを下げるため，最近では色素増感型太陽電池（光触媒としても知られている酸化チタンのナノ多孔膜を光電極として用いる太陽電池で，色素によって光エネルギーを吸収，利用する電池），量子ドット型太陽電池（基板結晶上にnmサイズの極微細な半導体粒子（量子ドット）を作り込み，「量子効果」

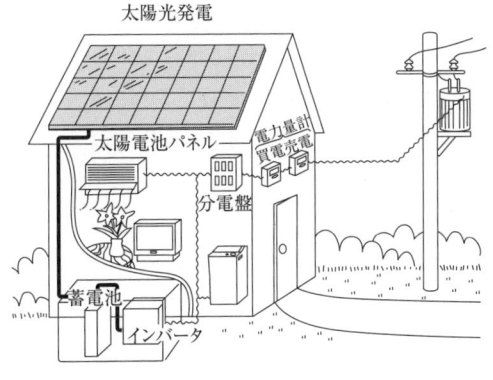

図 2.6.3　太陽光発電の利用事例

と呼ばれる現象を利用して発電する太陽電池）なども実用化に向けた研究が行われている．

2.6.2　太陽熱発電

太陽エネルギーを反射鏡で集光・集熱し蓄熱装置に貯蔵した後，蒸気によってタービン発電機を回して電気エネルギーを発生する方式である．（図 2.6.4）

我が国では，1981（昭和 56）年に香川県仁尾町（現・三豊市）においてタワー集光方式と曲面集光方式（1MW）の太陽熱発電システムが稼動し，約 3 年半の

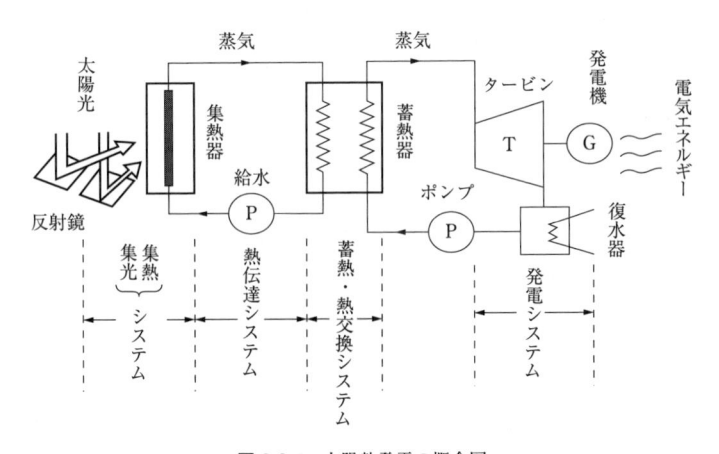

図 2.6.4　太陽熱発電の概念図

運転研究が成功裏に終了している．最近ではアメリカ，中東の砂漠地帯で 100 〜 200MW の大容量太陽熱発電システムが検討されている．

太陽エネルギーを熱エネルギーとして集め，これを給湯や冷暖房として利用するソーラーシステムはすでに普及している．（図 2.6.5）

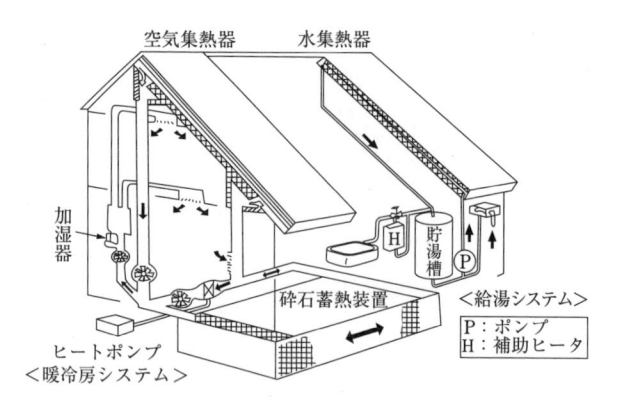

図 2.6.5 太陽熱利用の冷暖房給湯システム事例

2.7 その他の新エネルギー発電

2.7.1 燃料電池

(1) 燃料電池の原理

燃料電池は燃料の酸化反応と酸素の還元反応を電気化学的に行わせて，直接電気エネルギーとして取り出すようにした発電装置である．

アノード（正極）で水素が酸化されて生じる水素イオン（H^+）および電子（e^-）は，それぞれ電解質および外部回路を通ってカソード（負極）に移動し，酸素と反応して水（H_2O）を生成する．燃料電池はカルノーサイクルの制約を受けないのでエネルギー変換効率が高い．燃料電池では反応物質が連続的に電池外から供給され，生成物もまた連続的に除去されることから，反応物質を内蔵する乾電池などの化学電池とは異なる．（図 2.7.1）

(2) 燃料電池の種類

現在，実用化または開発中の燃料電池は電解質の種類により次の4種類に分類される．

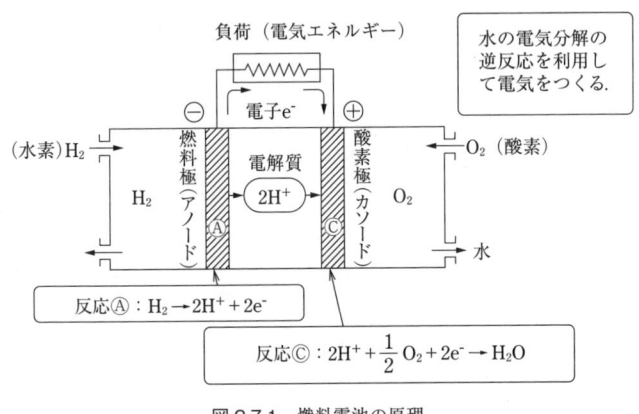

図 2.7.1 燃料電池の原理

反応Ⓐ：$H_2 \rightarrow 2H^+ + 2e^-$

反応Ⓒ：$2H^+ + \dfrac{1}{2}O_2 + 2e^- \rightarrow H_2O$

(a) リン酸型燃料電池

電解質としてリン酸水溶液が用いられ，実用化に最も近いことから第一世代燃料電池ともいわれた．東京電力（株）五井火力発電所で 11MW の実証試験が行われ，その後，商用化されて，工場，事務所などのオンサイト型コジェネレーションシステムとして活用されている．

(b) 固体高分子膜型燃料電池

電解質として固体高分子膜が用いられている．現在，家庭用，自動車用に開発されている燃料電池はこのタイプである．燃料は家庭用の場合では天然ガス，LPG，灯油，自動車用では水素が利用される．コスト，耐久性が普及の壁となっている．化石燃料を使用する場合には燃料改質器で水素に転換している．また，燃料電池で発電された電力は直流であるためインバータにより交流に変換している．家庭用の場合，発生した温水は給湯用に利用される．（図 2.7.2）

(c) 溶融炭酸塩型燃料電池

電解質として溶融炭酸塩を使用している．反応温度が 500～800℃ と高いことから，反応ガスをガスタービンの作動媒体として利用することにより高い発電効率を達成できる．反応温度が高いため材料の耐久性がポイントである．

(d) 固体酸化物型燃料電池

電解質として固体酸化物を使用している．固体酸化物内の酸素イオンの導電性を利用するものである．水素のほかに CO も燃料として利用され，内部改質が行われるため，天然ガスを使用しても燃料改質装置が不要となる．また，石炭ガス

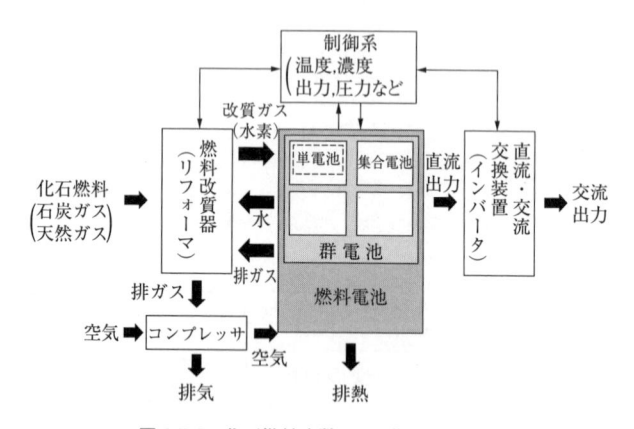

図 2.7.2　化石燃料改質による燃料電池発電

も燃料として利用されるため，石炭ガス化との組み合わせも可能となる．ボトミングサイクルにガスタービンを設置することにより60％以上の高い発電効率を達成でき，将来の高効率発電システムとして期待されている．作動温度が750～1 000℃と高温であるため材料の耐久性が課題である．

2.7.2 バイオマス発電

バイオマスとは生命，生物を意味するバイオと，集まりを意味するマスから成る言葉で，「生物現存量」と訳される．エネルギー資源として考える場合，有機廃棄物などのバイオマスや太陽エネルギーなどから変換手段を通して，生成，または排出される水素，メタンなどをバイオエネルギーといい，これを利用して発電する方式がバイオマス発電である．バイオエネルギーへの変換手段としては，微生物を利用して発酵や光合成を行い，水素などを生産するシステム，ならびに人工的に生物の能力を模擬した技術を用いて水素を生産する人工光合成システムなどがある．発電用のバイオマス燃料には，まき，籾殻，有機廃棄物（ごみ，廃材）などがある．バイオマス発電には，これらを直接燃焼させたり，ガス化してガスタービンで利用する方式もある．また，メタン，メタノール，エタノールへ転換し発電用燃料として利用する方式もある．（図2.7.3）

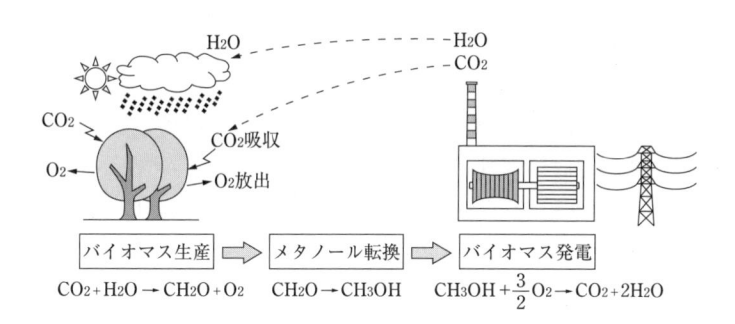

図2.7.3 バイオマス発電の概念

バイオマス生産： $CO_2 + H_2O \rightarrow CH_2O + O_2$
メタノール転換： $CH_2O \rightarrow CH_3OH$
バイオマス発電： $CH_3OH + \frac{3}{2}O_2 \rightarrow CO_2 + 2H_2O$

2.7.3 海洋エネルギー発電

海洋は膨大な潜在エネルギーを秘めており,熱(温度差),運動(海流,潮汐,波力),化学(濃度差)などを利用して発電する海洋発電の研究が進められている.開発は波力発電と海洋温度差発電(Ocean Thermal Energy Conversion, OTEC)が先行している.我が国ではすでに1976年,1MWの波力発電の実海域実験が行われ,現在はブイなどの照明用電源装置として実用化されている.波力エネルギーの変換には空気タービンが利用される.(図2.7.4)

海洋温度差発電は海洋の暖かい表層水と冷たい深層水の温度差を利用して発電する方式である(図2.7.5).海洋表層から温海水をくみ上げ,この熱によりアンモニアなどの作動媒体を気化させてタービンを回して発電する.タービンから出た蒸気は凝縮器で深層からくみ上げられた冷海水によって熱が奪われ凝縮液化し循環する.赤道近海で実証試験が行われたが経済性が成立するかがポイントである.潮汐発電は太陽と月の引力によって起こる海面の高低差を有効に利用する発電システムである.フランスのランスで実用化されているが,10m以上の潮位差がないと実用化は難しい.図2.7.6に,ランスの潮汐発電所の概要を示す.

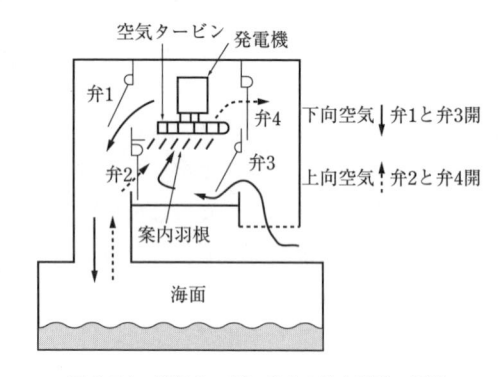

図2.7.4 空気タービン方式の波力発電の原理

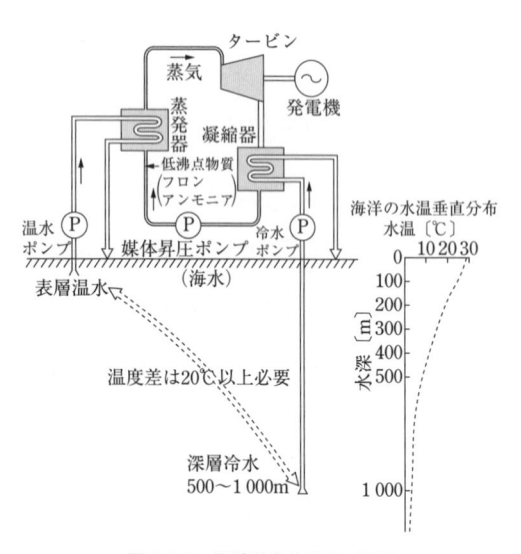

図2.7.5 海洋温度差発電の原理

2.7 その他の新エネルギー発電

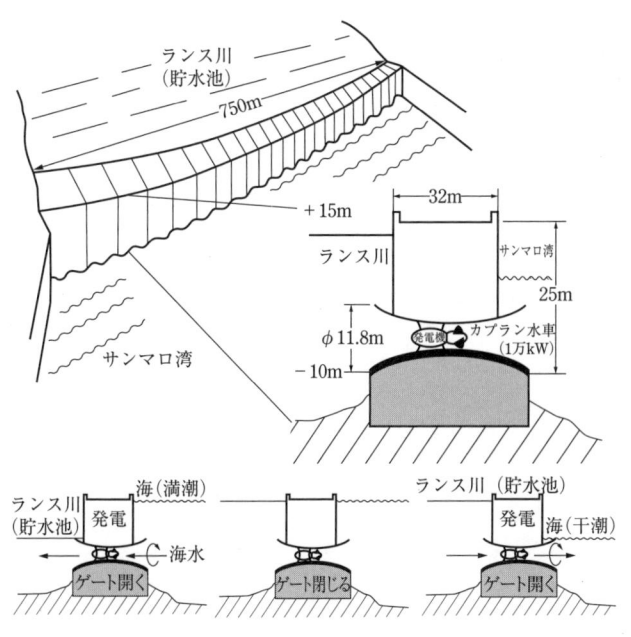

図 2.7.6 ランスの潮汐発電所の概要

第3章

変　電

第3章 変 電

3.1 変 電 所

3.1.1 変電所の役割

　水力，火力ならびに原子力などの発電所で発電した電気は，電圧を昇圧して送電線によって変電所に送られる．変電所では，電圧を降圧または昇圧して，送電線でさらにほかの変電所に送電する．受けた変電所では最終的に電圧を降圧して配電線を通して需要家に電気を届ける．

　（注）送電線と配電線
　樹木に例えると，発電所を根とし，根から出た幹に当たるのが送電線，送電線により各変電所に送られ，枝に当たる配電線を通して各需要家に当たる葉や花に養分や水分が届けられる．

　このように，変電所とは発電所などの電源と需要家の間に位置し，電圧を昇圧または降圧する変圧器を中心に，送電線と変電所の接続・切り離しを行う遮断器などの開閉装置，電力系統の力率改善を行う電力用コンデンサなどの調相設備を有した電流の流通の拠点である．
　我が国で電力事業が開始された初期（1890〜1930年代にかけて）には，水力発電所が主であり，そこから送電される電力は，変電所で配電に適する電圧に降圧され，直ちに需要家に送られていた．このため，初期の電力系統は変電所を起点とした単独系統が分散していた．
　産業の発達とともに，電力需要が増加し，しかも都市部などの集中的な電力需要の高まりに伴い，遠隔の電源（発電所）より長距離の送電を行う必要が出てきた．高電圧送電技術の進歩により，長距離の大電力送電が可能になるとともに，電力系統を連携する技術も進歩し，広範囲にわたって，しかも遠隔の電源から電力を運用することが可能となった．さらに，渇水となった水系の発電所をほかの発電所がバックアップするといった電力の広域運用が進められた．さらに，1日

の電力の需要のバランスに合わせた図3.1.1のような時間帯別発電方式，すなわち，電力の安定性や効率性を求めて，火力や原子力といったほかの方式の発電所との電力のベストミックスを考えた発電方式が行われている．電力のベストミックスとは，夜間の電力需要が最も少ないときに合わせた，ベース電源として原子力発電を，ミドル電源としてLNG火力，石油火力を，昼間の電力需要が高くなるピーク電源として水力発電をというように，それぞれの特徴を生かしたバランスのよい発電方式である．ピーク電源として水力発電を用いるのは，ピーク時に合わせて発電の立ち上がりや停止を容易にできるため，すばやい出力調整で，急激な電力消費量の変化にすばやく対応できるからである．水力発電（運転開始から最大出力発生まで水力発電では数分で可能）により，電力ピーク時に即座に対応して供給する体制を取るものである．水力発電の中でも，特に揚水式発電は発電所を挟む上と下の二つの調整池を利用し，昼間の電気の需要が多いときは上部調整池から下部調整池に水を落として発電し，電気の需要が少ない夜間に水車を逆回転させて下部調整池から水をくみ上げ，再び昼間の発電に使うというように一定量の水を繰り返して使用する発電方式である．電気の使用量は深夜には昼間の半分程度に下がり，発電設備に余裕ができる．揚水発電はこの余裕分を有効に利用するものであるともいえる．

　さらに，昨今では，特に東京など大都会での電力需要が非常に高くなり，遠方の変電所からの大電力，高電圧の送電が必要となってきた．その結果，変電所は降圧だけではなく，発電端の電圧から昇圧する目的にも対応する必要がある．日本では，現在，最高電圧が500kVの変電所が数多く造られており，1 000kVの変電所もすでに試験運転は完了している．

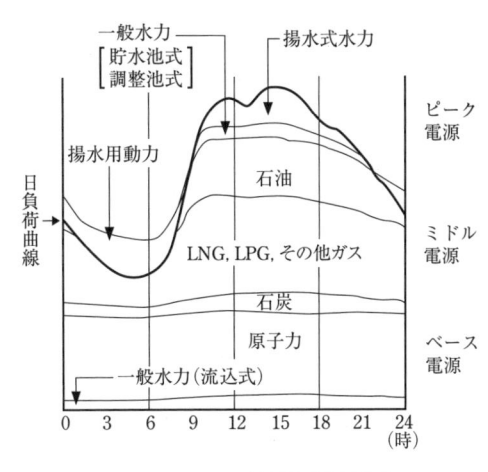

図3.1.1　1日の時間帯別発電方式

3.1.2 変電所の種類

変電所は設置される電力系統での位置（発電所で発生した電気を需要家に届けるまでの送電系統のどの位置に変電所が設けられるか）による用途，電圧の階級，さらに，その設置場所や環境による形式，制御方式などによって種類が分かれる．

(1) 用途による分類

電力用変電所（電気事業用の変電所）には，用途で分類すると，送電用変電所と，配電用変電所および周波数変換所がある．それぞれの概要は次のとおりである．

(a) 送電用変電所

発電所と配電用変電所を結ぶ送電線のうち，発電所から一次変電所までの区間に用いるものを特別高圧送電線といい，主に66 000V以上の高電圧を特別高圧という．この特別高圧で受電した電気をほかの電圧の特別高圧に変成して送電する変電所が送電用変電所であり，昇圧用変電所と降圧用変電所がある．昇圧用変電所は，電圧を昇圧するものであるから，水力，火力，原子力などの発電所に併設され，電圧を高電圧にして送電する．これに対し，降圧用変電所は，電圧を降圧するものであり，電力系統において高電圧を順次，変電所にて降圧する変電所である．ある電力系統において最も高い送電電圧から降圧する変電所を一次変電所，次に高い送電電圧から降圧する変電所を二次変電所という．なお，一次変電所と次項の配電用変電所との中間の電圧変成を行うものを中間変電所という．

一次変電所や二次変電所の呼び方は，より高い電圧が次に導入されると同一変電所でも呼び方が変わる不便が生じる．そこで，我が国では，大正末期から昭和20年代後半までの送電電圧の最高電圧が154kVであったことから，この電圧より降圧する変電所を一次変電所と呼び，その後，導入された高電圧の変電所は超高圧変電所，さらには，3.1.1に述べたように，最高電圧が500kV，1 000kVの変電所を特に，500kV変電所，UHV変電所と呼ぶことが多い．次のような電圧による分類が一般的である．

① 500kV変電所：500kVから275～154kVへ降圧する送電用変電所
② 超高圧変電所：275～187kVから154～66kVへ降圧する送電用変電所
③ 一次変電所：154～110kVから77～22kVへ降圧する送電用変電所

④ 中間変電所（または二次変電所）：154～22kV へ降圧する変電所
(b) 配電用変電所

特別高圧で受電した電気を高圧に降圧して配電線に供給する電圧に降圧する変電所である．数としては送電用変電所よりも多いが，通過する電力は小さい．154～22kV から配電電圧に降圧する変電所である．

(c) 周波数変換所

周波数の異なる二つの電力系統を連携する変電所．日本では，佐久間周波数変換所（静岡県浜松市，1965（昭和40）年電源開発（株）が運転を開始），新信濃周波数変換所（長野県東筑摩郡，東京電力の変電所（500kV）で周波数変換所を併設，中部電力へ送る），および東清水周波数変換所（静岡県静岡市清水区，中部電力の変電所，2006（平成18）年3月，154kV 送電線で仮運用を開始している）である．これらの周波数変換所で我が国の東日本の周波数 50Hz 系と西日本の周波数 60Hz 系が連携されている．

また，周波数が等しい電力を直流で連携する変電所が直流連携方式（BTB：Back-to-Back）である．直流部分には直流線路はなく，二つの交直変換機で交流系統を背中あわせにして接続する方式で，南福光変電所・連系所で 60Hz 系統内での同一周波数非同期連携の BTB が 1999（平成11）年に運転を開始している．

(d) 直流送電用変電所

直流送電を行う場合の両端に設置される変電所．北海道系と本州 50Hz 系を直流送電で接続する変電所が，1979（昭和54）年に日本発の直流送電用変電所として運転を開始した．北海道側に，函館変換所，本州側に上北変換所があり，送電距離は 167km に及ぶ．ここで，交流と直流の変換が行われる．また，2000（平成12）年には，本州（和歌山県の紀北変換所）と四国（徳島県の阿南変換所）間の紀伊水道を結ぶ世界最大級（設計電圧 500kV）の紀伊水道直流連携が運転を開始した．現在，250kV で運転されている．送電距離は 100km である．

(2) 設置場所，設置環境による分類

また，設置場所，設置する環境により，屋外式変電所，屋内式変電所，地下式変電所および移動式変電所などに分けられる．

(a) 屋外式変電所

変圧器，開閉設備など主要回路機器をすべて屋外に設置し，配電設備など制御装置だけ屋内（建物やキュービクル内）に設置した変電所．用地面積は広く必要

であるが，設置工事費は安く，機器のメンテナンス性に優れる．碍子に付着する塩害など，汚損対策が必要になることも多い．

(b) 屋内式変電所

変圧器，開閉設備など主要回路機器を含めて配電設備など制御装置をすべて屋内に設置した変電所．屋外式に比べ用地面積は縮小するが建物工事費が高くなる．また，据付工事の難易度，機器配置の制限やメンテナンス性も劣る．なお，変圧器だけを屋外に配置し，開閉器ほかは建物内に設置しているものを半屋外式変電所と呼ぶ．これは塩害対策と特に，建物工事費の削減に有効である．これに対し，変圧器だけを屋内に設置するものもある．これは半屋内式変電所と呼ばれ，変圧器の騒音対策などに有効である．

(c) 地下式変電所

建築物や公園などの地下に変電設備そのものを据え付けた変電所で，工事費はかかるが，景観対策や防災対策，特に都心部では，用地確保が難しいことからメリットが大きい．変圧器などの冷却設備は屋上や地上に設置されることが多い．変圧器などは不燃性の高電圧大容量のガス絶縁変圧器も開発されてきているが，大きさの制限など技術的開発課題も多い．

(d) 移動式変電所

各種事故時や増設工事の際などに用いる，トレーラやトラック上に移動用の変圧器，ケーブル，キュービクルなどを積載し移動可能とした変電所．一般には，変電所として構成されているものではなく，移動用変圧器，移動用ケーブル，移動用キュービクルなどを必要に応じて構成する．

3.1.3　変電所の構成と特徴

変電所は発電所で発電した電気を受け，電圧，電流の変成や電気の集中，配分を行うほかに，電気の質をよくするため，電圧・電力の調整や無効電力の配分，制御を行っている．さらに，送・配電線や変電所の保護を行うための設備も含めて，変電所は次のような設備から構成される．

　主変圧器，母線，開閉装置，制御装置，変成器，避雷器，調相設備，
　そのほかの設備

3.1 変電所

　変電所は電気的な信頼性が重視されるのはもとより，近年の電力系統は，火力，水力，原子力などの発電所の立地難から次第に電力消費地から遠隔地に，しかも大規模に設置されることが多い．これに伴って，発電した電気を電力消費地（需要地）へ送電する送電線や変電所も高電圧，大容量化してきている．特に500kV変電所では，多数の基幹送電線が集中するため，その容量も1か所当たり，4 000～5 500MVAという大容量の変電所まで出現している．

　さらに，最近では，効率性や地域，環境との調和などさまざまな要件を満たすことが必要になってきている．特に最近の変電所に要求される特徴は次のようなものである．

（a）高信頼性

　500kV変電所，超高圧変電所をはじめとする基幹変電所では，電力系統上重要な位置を占めるため，変圧器，遮断器，避雷器など，主要機器の高信頼度が要求される．また，万一の故障時の波及範囲を最小限にするため，母線の結線方式を工夫するなどして高信頼度化を計っている．このほか，制御装置の高度化，機器，制御装置，制御電源などを含めた設備の二重化，予想される自然災害（雷害や塩害）に対する機器信頼性の向上，故障検出装置の設置などさまざまな高信頼度化を図っている．このほか，保護制御装置の高度化，機器・制御装置，制御電源などを含めた設備の二重化，ユニット別に区分した設計などにより信頼性を高める工夫を行っている．

（b）コンパクト化

　特に都市部周辺では，変電所建設の用地確保が難しく，機器のコンパクト化が課題となっている．このため，気中絶縁に代わって，絶縁性能，遮断性能に優れた六フッ化硫黄（SF_6）ガスで絶縁するGIS（Gas Insulated Switchgear）などが用いられた縮小型変電所が主流になってきている．従来の空気に頼った気中絶縁変電所に比べ，この縮小型変電所の容積は大幅に縮小化され，従来の1/6～1/10に縮小される．さらに，このタイプの変電所は不燃化というメリットともあいまって，ビルの地下変電所に多く採用されている．

（c）環境調和

　さらに，変電所全体の所要空間の縮小化や周囲環境との調和を図ることが重要であり，地域との共生や周囲との調和を図るために騒音対策，景観対策，また，特に最近では電磁界（EMF）対策の重要性が高まってきている．

・騒音対策：変電所で発生する騒音としては，変圧器運転中の励磁振動や，冷

却設備から発生する連続した騒音と，コンプレッサーの動作音などの短時間だけ一時的に発生する騒音とがある．これらの騒音対策としては機器の低騒音化を図るほか，騒音源となる機器を屋内に設置する，防音壁で囲む，などの対策が採られる．一般的には，変電所設置地域の変電所の敷地境界上で，騒音規制レベルを超えないことが最低限必要であるが，地域住民の十分な理解が得られる対策が必要である．

・景観対策：碍子や大型の電気機器が立ち並び，電線などの張り巡らされた変電所特有のそっけない外観を払拭し，自然環境に溶け込むように，最近の変電所は，周りに植林，緑化するなどの配慮がなされる．防音壁，防御壁なども自然とマッチするように景観対策が積極的に施されている．もちろん，その一つの方向として，屋内式または地下式変電所の採用も挙げられる．

・電磁界（EMF）対策：ヨーロッパを中心に変電所の周りや送電線の下での電磁界が健康に及ぼす影響が指摘され，日本でも電気学会を中心に調査が進められている．現在のところ，健康に大きな影響を及ぼすことはないとされているが，電磁界レベルは極力低くする対策が採られている．対策は，大きく，

　① 発生する電磁界を小さくする．

　② 発生した磁界を遮蔽し，外部に洩れる電磁界を小さくする．

の二とおりがある．①の発生する電磁界を小さくする方法として，三相交流の特長を生かし，電流の流れる3本の導体を均等に配置し，発生する磁界を打ち消す方法や，隣接する機器やケーブルに流れる電流の向きを逆向きにし，発生する磁界を打ち消す方法などが採用される．この方法は電磁界を低減させるのには非常に有効な方法であるが，機器の配置に工夫を有し，制限が加わることもある．②の遮蔽に当たっては，外壁が景観対策に逆行しないことも必要である．また，磁界発生源をアモルファスや鉄の素材で覆うなどの方法も用いられるが，対策箇所からの距離が遠くなると効果が劣るなどの問題点もある

3.2 変電所を構成する機器

　変電所は，3.1.3 で述べたように，主変圧器，母線，開閉装置，制御装置，変成器，避雷器，調相設備，そのほかの設備で構成される．変電所では，このような設備を用いて，電圧，電流の変成や電気の集中，配分を行っている．さらに，変電所は電圧・電流の調整や無効電力の配分，制御を行い，電気の質も確保するとともに，送・配電系統を保護する役割を担っている．このような変電所を構成する各機器の構造と原理ならびにその特性についてまとめる．

3.2.1 変圧器

　変電所の中心となるものは主変圧器で，一般には，275kV 変圧器までは設計製作技術の進歩により，経済的な三相変圧器が使用される．500kV 変圧器では，輸送上の制限から一般に単相変圧器が用いられている．

(1) 変圧器とは

　変圧器とは，鉄心とこれに鎖交する複数個の巻線を有し，受けた交流電力をファラデーの電磁誘導の法則に基づいて電圧および電流を変成して，同一周波数の交流電力として供給する機器である．変圧器は電磁機器の中でも静止器であり，回転部がなく，したがって，機械損を要しないため，電磁機器の中で最高の効率を持っている．また，ほかの交流機に比べて力率も良好である．
　一般に使用されている変圧器を分類すると，鉄心と巻線の構成から内鉄型と外鉄型変圧器，相数からは，単相変圧器と三相変圧器，巻線の数で分類すると単巻変圧器と二巻線，三巻線，多巻線変圧器といったように分類される．また，絶縁媒体，絶縁方式により，油入絶縁変圧器，ガス絶縁変圧器，さらにはエポキシ樹脂でモールド絶縁した固体絶縁変圧器（モールド絶縁変圧器）に分類することもできる．特に，巻線の絶縁と冷却媒体の種類，循環方式，冷却方式などから，絶縁，冷却媒体である油やガスの強制冷却方式（ポンプで強制的に冷却媒体を循環させる方式）と自冷方式（温度差による対流による自然循環で冷却する方式）に

分けられ，油入自冷，油入風冷，送油自冷，送油風冷，送油水冷，乾式自冷，乾式風冷変圧器などに分類される．大型の変圧器には，外部周囲に，冷却用のファンが配置されることが多い．

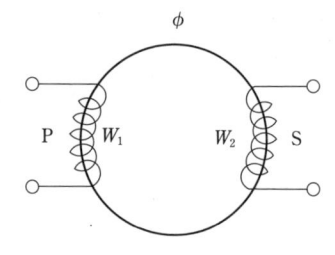

図3.2.1　変圧器の原理図

(2) 変圧器の原理

図3.2.1に変圧器の原理図を示す．図3.2.1に示すように，一つの磁束ϕに二つのコイルPとSが鎖交していて，この磁束が正弦波で交番するとき，磁束を次式で表すと，

$$\phi = \phi_m \sin \omega t \tag{3.2.1}$$

二つのコイルには各々の電圧がファラデーの法則により，巻線と磁束の時間変化に比例した次式の電圧が誘導され発生する．すなわち，

$$\begin{aligned} e_1 &= -W_1 \frac{d\phi}{dt} = -\omega \phi_m W_1 \cos \omega t = -E_{1m} \sin\left(\omega t - \frac{\pi}{2}\right) \\ e_2 &= -W_2 \frac{d\phi}{dt} = -\omega \phi_m W_2 \cos \omega t = -E_{2m} \sin\left(\omega t - \frac{\pi}{2}\right) \end{aligned} \tag{3.2.2}$$

式中で，ϕ_m：最大鎖交磁束数 [Wb]，
　　　　ω：角速度$=2\pi f$　　　　f：周波数
　　　　W_1：Pコイルの巻回数，　　W_2：Sコイルの巻回数
となるため，

$$E_{1m} = \text{Pコイルの誘導電圧の最大値} = 2\pi f \phi_m W_1$$
$$E_{2m} = \text{Sコイルの誘導電圧の最大値} = 2\pi f \phi_m W_2$$

これらは正弦波であるため，その実効値は

$$\begin{aligned} E_1 &= \frac{E_{1m}}{\sqrt{2}} = 4.44 W_1 \phi_m f \\ E_2 &= \frac{E_{2m}}{\sqrt{2}} = 4.44 W_2 \phi_m f \end{aligned} \tag{3.2.3}$$

したがって，誘導電圧の比は

$$\frac{E_1}{E_2} = \frac{W_1}{W_2} = a$$

(a) 誘導電圧と磁束の変化　　　　(b) ベクトル図

図 3.2.2　誘導電圧と磁束

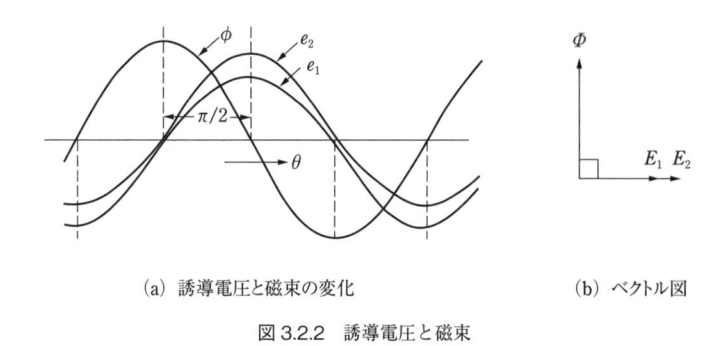

となり，誘導電圧の比は二つのコイルの巻数の比であり，この a を巻数比（turn ratio）と呼ぶ．また，誘導電圧 e_1 と e_2 は同位相であるが，磁束 ϕ の変化より図 3.2.2 (a) に示すように $\pi/2$ 遅れる．これをベクトル図に示すと同図 (b) となる．

実際には ϕ を作ってやらなければならないので，P コイルに電流 I_ϕ を流し，その起磁力によって ϕ を作る．P コイルを一次コイル（primary coil），S コイルを二次コイル（secondary coil）と呼ぶ．また，磁路は鉄心（成層）を用いる．図 3.2.3 の原理図において，理想的に内部抵抗，漏洩磁束，鉄損などがないとすると，図 3.2.3 (b) のベクトル図ができる．I_ϕ を磁化電流（magnetizing current）と呼び，この場合は，これが入力電流であり，無負荷電流（no load current）I_0 でもある．I_0 を供給する一次の供給電圧 V_1 は一次誘導電圧 E_1 を打ち消すのに使われる．すなわち，

$$V_1 = -E_1$$

また，二次端子電圧には二次誘導電圧が直接発生するので，

(a) 原理図　　　　(b) ベクトル図

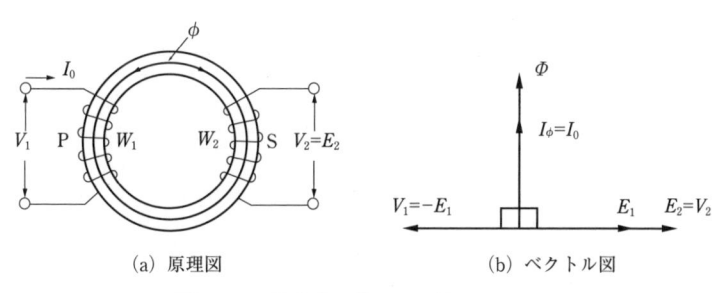

図 3.2.3　理想的変圧器の原理図とベクトル図

$$V_2 = E_2$$

となる．E_1 は V_1 に対して逆起電力と考える．

理想的変圧器の場合は，電圧比は

$$\frac{V_1}{V_2} = \frac{W_1}{W_2} = a$$

すなわち，巻線比とすることができるが，実際の場合でも内部降下は小さく，これを無視すると同じことがいえる．この場合，$V_1 < V_2$ を昇圧変圧器（step up transformer），$V_1 > V_2$ を降圧変圧器（step down transformer）と呼ぶ．

（3）変圧器の構造

変圧器は鉄心と巻線とから成っているが，鉄心の中を磁束が通って，かつ交番するので，巻線を動かさなくても巻線に電圧が誘導される．変圧器は運動をする部分がない（必要としない）静止電磁機器である．

鉄心構造は大別すると内鉄型と外鉄型に分けられる．内鉄型は小容量から大容量まで広範囲に使用されているのに対して，外鉄型は比較的大容量のものに使用されている．内鉄型，外鉄型の鉄心と巻線の配置を図 3.2.4 に示す．内鉄型は鉄心脚の軸が垂直な鉄心の外側に一次巻線，二次巻線などが同心状に配置された変圧器であり，鉄心が内側にあって，コイルがその脚に配置されたものである．外鉄型は鉄心脚の中央脚にコイルを巻いて鉄心がこれを取り巻いた形である．鉄心脚の軸が水平で巻線面が垂直な交互配置の変圧器である．

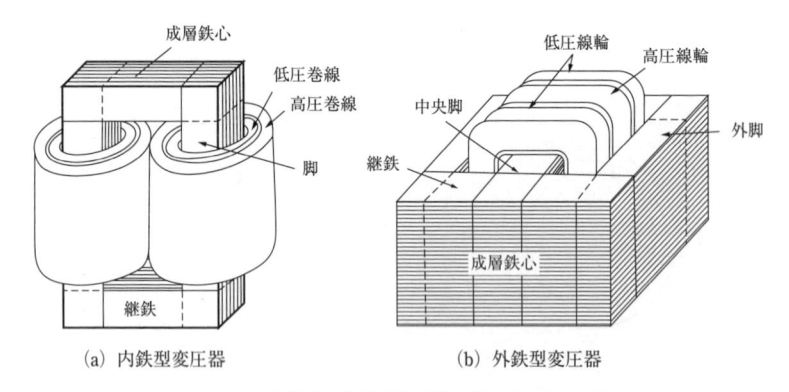

図 3.2.4　内鉄型・外鉄型変圧器の鉄心と巻線の配置

両型とも長短があり，一般に電気的，機械的構造上は外鉄型が内鉄型より優れているが，内鉄型は構造が簡単でコイルの取り替えも容易である．

変圧器用鉄心材料としては，ケイ素鋼板が一般的であるが，最近では柱上変圧器を中心にアモルファス金属を用いたアモルファス鉄心（厚さ $20 \sim 30 \mu m$）を使用したものも増加している．アモルファス金属は，損失がケイ素鋼板に比べ約 $\frac{1}{4}$ に低減することから，環境に優しい変圧器として特に，小容量の変圧器でその使用割合が増加している．

ケイ素鋼板の板厚は一般には 0.30mm と 0.35mm の 2 種類が用いられ，特に鉄損を下げる場合には 0.27mm や 0.23mm 厚といった薄いものも使用される．さらに，鉄損を下げる場合は，表面にレーザやプラズマを照射し，磁区を細分化することにより磁化エネルギーを低減して損失を下げた特別な方向性ケイ素鋼板も開発されている．

巻線方式としては二巻線，三巻線，および単巻線があり，一般に送電用変電所では三巻線，配電用変電所では二巻線が多く使用される．また，500kV 変圧器や直接接地系間の連携用変圧器として単巻変圧器が用いられる．500kV 変電所から配電用変電所に至るまで負荷時タップ付の変圧器が広く採用されている．

変圧器の製作上からは，内鉄型変圧器は鉄心脚をあらかじめ組み立てておき，別に製作した巻線をこれに挿入した後，継鉄（脚部をつなぎ合わせる水平部分の鉄心，ヨーク鉄心）を組み立てる．外鉄型変圧器は巻線を垂直に組み合わせた後，ケイ素鋼板を組み込んで鉄心を形成して組み立てる変圧器である．

一般に，製作技術の進歩により信頼性が向上し，経済的な三相変圧器が使用されるようになってきている．単相鉄心では 3 脚鉄心と 2 脚鉄心および 4 脚鉄心があり，輸送制限や変圧器特性上から使い分けられている．ただし，日本国内では，500kV 変圧器では輸送上の制約から一般に単相器が用いられており，500kV 単巻変圧器で 1 500MVA までは 3 脚で製作・輸送が可能である．三相鉄心では，3 脚鉄心と 5 脚鉄心とがあり，3 脚鉄心は 3 本の脚があり，それぞれに一相分のコイルが入り，三相の磁束の和は 0 であるから，3 本の脚の上下をそれぞれ継鉄でつないでおけば，別に各相の帰路を作らなくてもよい．内鉄型三相変圧器の構造例を図 3.2.5 に示す．5 脚鉄心にし，中央の 3 脚に各相のコイルを入れるようにすると，鉄心の太さを減らすことができる．普通は 3 脚鉄心が使われるが，大容量変圧器の場合，特に鉄道輸送の場合，高さ制限の関係から，5 脚鉄心を使って継鉄の高さを低くするなどの工夫も行われている．

第3章　変　　電

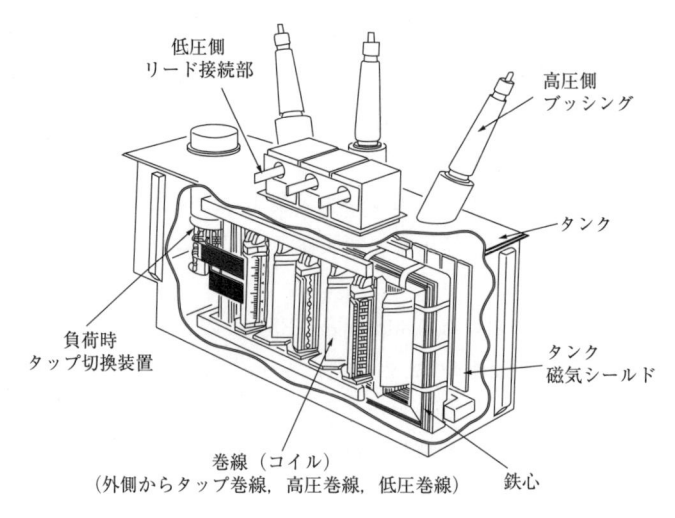

図3.2.5　内鉄型三相変圧器の構造例

　油入変圧器の絶縁は，巻線の各導体は絶縁紙で絶縁し，内部絶縁はプレスボードなどの繊維質絶縁材料が用いられる．絶縁油は鉱油を用いる．この絶縁油は変圧器の内部の損失による熱を外部へ導いて冷却するための冷媒の役割も果たす．油入変圧器は冷却方式により以下の種類に分類される．
(a) 油入自冷式変圧器
　タンク内に封入した絶縁油の自然対流を利用して冷却する．タンク壁や放熱器の表面から空気の自然対流により放熱する．構造が簡単で保守も容易であるが，冷却性能は劣り，大容量器には不向きである．おおむね30MVA程度までの変圧器に適用される．
(b) 油入風冷式変圧器
　放熱器にファンを取り付け，空気を吹き付けて冷却する構造の変圧器．
(c) 送油（導油）自冷式変圧器
　タンクと放熱器を連結する導油管の途中に送油ポンプを設けて油を強制循環させて冷却する方式．放熱器自体は自然冷却であり，冷却効果の向上効果は少ない．ただし，冷却ファンの騒音問題がないため，立地条件によっては変圧器本体を屋内に，放熱器を屋外に配置するなどの工夫も加えて採用されることがある．
(d) 送油（導油）風冷式変圧器
　タンクと放熱器を連結する導油管の途中に送油ポンプを設けて油を強制循環さ

せ，さらに放熱器（ファン）で強制冷却する方式．放熱器が風冷のもの．

(e) 送油（導油）水冷式変圧器

(d) と同様，タンクと放熱器を連結する導油管の途中に送油ポンプを設けて油を強制循環させ，さらに放熱器（ファン）で強制冷却する方式で，放熱器が水冷のもの．最も冷却効率がよい．

これらの油入変圧器は絶縁，冷却特性に優れるため，高電圧大容量変圧器に多く採用されているが，可燃性である．このようなことから，屋内など不燃化が要求されるところでは，乾式変圧器やガス絶縁変圧器が用いられる．

(f) 乾式変圧器

エポキシ樹脂などでモールド絶縁した変圧器で，巻線が樹脂で固められているため，放熱特性が悪く，冷却特性も基本的に劣る．乾式変圧器は，鉄心や巻線の熱を周囲の空気中に自然に放散する自冷式が普通である．このような乾式変圧器の冷却特性を高めるため，変圧器室の下部に設けた通風孔（風洞）内に吸気口を設け，吸気口から送風機により空気を吹き込んで鉄心や巻線内に設けた通風ダクト内に空気を送り込み，変圧器室の上部または側面に設けた排気口から温まった空気を放出させる風冷式も採用されている．また，空気などとともに，密封した密封自冷式や密封風冷式などの乾式変圧器もある．

(g) ガス絶縁変圧器

ガス絶縁変圧器という場合，一般には，絶縁性能の高いSF_6ガスを封入した変圧器をいう．かつては冷却特性が劣ることから大容量器の製作は無理であった．そこでSF_6ガスで絶縁し，冷媒であるフロロカーボンの蒸発冷却による冷却特性を生かした変圧器なども実用化されて，油入り変圧器に代わる不燃化の高電圧大容量変圧器が実用化されてきている．さらに，最近では，ガス圧力を高め，絶縁材料や絶縁構成，冷却方式を工夫して絶縁性能を上げるとともに，SF_6ガスを強制循環させるなど冷却方式を工夫した高電圧大容量変圧器が出現し，不燃化に対応している．

(h) シリコーン油入変圧器

シリコーン油の引火点は約300℃と鉱油に比べて高く，電気的特性もよいので，鉱油に代わってこのシリコーン油を用いた変圧器は難燃性変圧器として用いられる．一方，欠点はコストが高いことが一番の難点であるが，新たな不燃性変圧器として注目を集めている．しかし，シリコーン油は①熱膨張係数が大きいため，温度による体積変化に対する対策が必要であること．②ガス溶解度が大きいため，

ガスを封印する方式は困難であること．③水分の吸湿量も大きいが，十分な脱水処理など水分管理が重要であり難しいこと，など技術的課題は大きい．

(4) 変圧器の特性
(a) 無負荷特性

二次側を開放した状態で一次側に電圧 V_1 を印加すると，図 3.2.3 の理想的変圧器とは違って，実際の変圧器では図 3.2.6 に示すようにある励磁電流 I_0 が流れる．この励磁電流の中には鉄損分を供給するものと磁束を作るためのものとを含んでいる．無負荷電流 I_0 により一次，二次巻線に鎖交する磁束 ϕ のほかに二次と鎖交しない磁束－漏洩磁束（leakage flux） ϕ_{l1} －が生じる．これは，鉄心，コイルの構造，形状に関係し，最良の設計により最小にすることはできるが，零にすることはできない．この漏洩磁束は二次の電圧誘導には関与せずに，一次コイルとの間で自己インダクタンス L_1 を形成する．このインダクタンスを漏洩インダクタンスと呼び，洩れリアクタンス x_1 を形成する．すなわち，

$$x_1 = \omega L_1$$

また，巻線中には抵抗 r がある．それらのために，I_0 によって一次巻線中には $I_0 x_1$，$I_0 r_1$ なる電圧降下が生じる．磁路は成層鉄心から成るが，鉄心中にはヒステリシス特性によるヒステリシス損と渦電流損が生じる．この損失のために電力が消費されることになる．また，それに必要な電流，鉄損電流 I_i が I_0 中に含まれることになる．また，鉄心は飽和特性を持つため，磁化電流 I_ϕ はひずみを持つ．I_ϕ より I_i は 90° 進む波形である．すなわち，I_ϕ は無効電力であり，I_i は有効電力

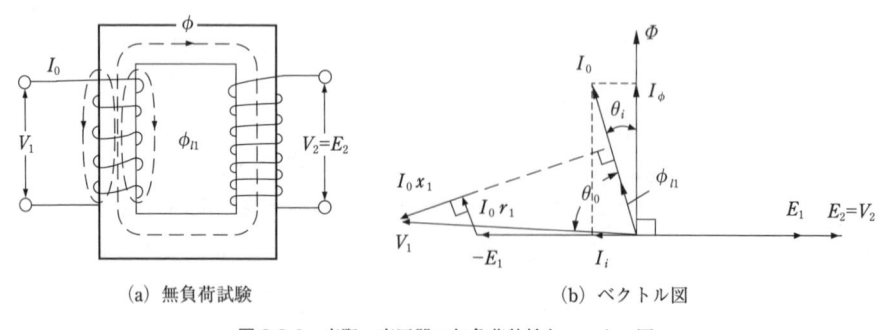

(a) 無負荷試験　　　(b) ベクトル図

図 3.2.6　実際の変圧器の無負荷特性とベクトル図

3.2 変電所を構成する機器

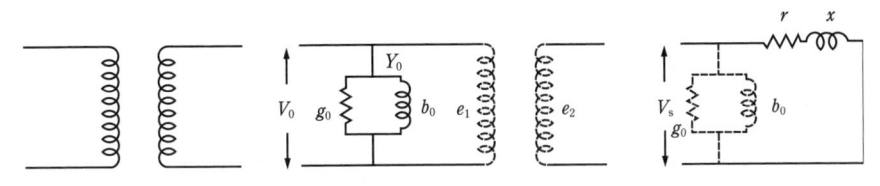

(a) 理想変圧器　　(b) コンダクタンスとサセプタンスの並列等価回路　　(c) 直列等価回路

図 3.2.7　変圧器の励磁回路と漏れリアクタンス回路

であり，両者の合成が無負荷電流 I_0 である．このように，二次側を開放した状態で，一次側に電圧を印加し，流入する電力，すなわち，鉄損 W_0 を測定することを無負荷試験という．また，このときの電圧と電流の関係を無負荷飽和曲線という．変圧器の無負荷損（鉄損）W_0 は下式

$$W_0 = W_1 - I_0^2 r_1 \; [\text{W}]$$

r_1：一次巻線の直流抵抗

で表される．

二次側を開放した変圧器の励磁回路は，図 3.2.7 (b) のように，コンダクタンス g_0 とサセプタンス b_0 の並列回路からなる電気的等価回路で表すことができる．すなわち，励磁アドミッタンス $Y_0 = g_0 - jb_0$ で扱える．このように，無負荷試験からこれらの係数は次のように簡単に計算される．

$$g_0 = \frac{W_0}{V_0^2}$$

$$Y_0 = \frac{I_0}{V_0}$$

$$b_0 = \sqrt{Y_0^2 - g_0^2}$$

(b) 負荷特性

二次端子に負荷を結ぶと，図 3.2.8 の電流 I_2 が流れる．この電流を負荷電流（load current），出力電流（output current），または二次電流（secondary current）という．この I_2 は $I_2 W_2$ の起磁力を作る．この起磁力により一次巻線に鎖交する磁束 ϕ_2 と漏洩磁束 ϕ_{l2} を作る．

ここで，二次側を短絡し，一次側から定格電流 I_1 を供給し，そのときの印加電圧 V_s と流入電力 W_s を測定する．このような試験を短絡試験といい，このとき

第3章 変　電

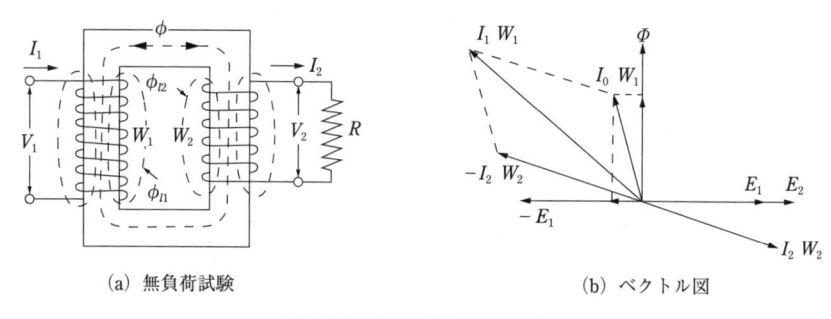

(a) 無負荷試験　　　　　　　(b) ベクトル図

図 3.2.8　負荷特性とベクトル図

の流入電力は一次，二次両巻線の導体内の抵抗損および渦電流損などを含むもので，銅損という．この状態で測定される一次側からみたインピーダンスおよび銅損は，一次二次両者を含むもので，各々を分離することはできない．通常，このときの電圧は極めて低いので，励磁回路に分流する電流はごく少ない．すなわち，図 3.2.7 (b) は (c) のように，抵抗分とリアクタンス分の直列回路として扱い，上記，短絡試験結果に基づいて，電圧，電流，電力を測定することにより，一次，二次巻線を含めた抵抗，およびリアクタンスは次のように計算される．

$$Z = r + jx = \frac{V_s}{i_1}$$
$$r = \frac{W_s}{i_1^2}$$
$$x = \sqrt{Z^2 - r^2}$$

これが，一次側からみた変圧器内部の直列回路定数である．このようにして励磁アドミタンス Y_0，直列インピーダンス Z を組み合わせて，変圧器全体の等価回路を表すことができる．

(c) 一次二次間の変換

一次，二次のインピーダンスを各々に分離することは無理であるが，図 3.2.9 (a) のように理想的変圧器を介して分離できたとすると，同図の二次側の短絡状態では，下記のような式が成り立っている．

$$E_2 = (r_2 + jx_2) i_2$$

これに，

3.2 変電所を構成する機器

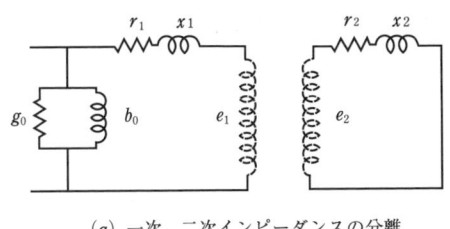

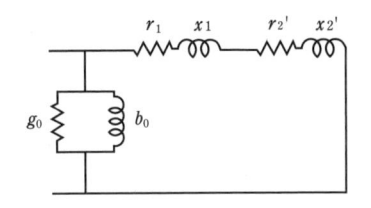

(a) 一次，二次インピーダンスの分離

(b) 一次側回路で表した等価回路

図 3.2.9　変圧器の等価回路

$$\frac{E_1}{E_2} = \frac{w_1}{w_2} = a \text{(巻数比)}, \quad E_1 i_1 = -E_2 i_2$$

を代入すると，

$$E_1 = a^2 (r_2 + jx_2) i_1$$

したがって，二次回路は，$r_2' = a^2 r_2, \ x_2' = a^2 x_2$ の回路定数を持つ一次回路として扱うことができる．一次，二次回路両者を含めて，図 3.2.9（a）における理想的電圧変換装置（図の破線部分）を取り除いて，さらに，励磁回路（g_0, b_0）を前に出して，図 3.2.9（b）のようにすべてを一次側回路で表すことができる．すなわち，(b) 図で，r_2'，x_2' は二次のインピーダンスを一次側に換算したものであり，図 3.2.7（b）での等価回路での r および x の物理的意味である．すなわち，

$$r_2' = a^2 r_2, \ x_2' = a^2 x_2$$
$$Z = (r_1 + r_2') + j(x_1 + x_2') = r + jx$$

このようにして，一次側だけの量に変換できるので，等価回路が図 3.2.9（b）のように表すことができ，これを簡易化された等価回路と呼ぶ．さらに，二次側に任意の負荷インピーダンスがある場合は，これを a^2 倍すればよい．

(d) 変圧器の損失

変圧器は静止機器であるため，機械損はないので，損失は次のように分けられる．

① 鉄損
② 銅損
③ 漂遊負荷損

113

① 鉄損（W_i）：変圧器の鉄損はヒステリシス損が約80％で，ほかは渦電流損である．

すなわち，

　　　　ヒステリシス損：$W_h = k_h G f B_m^n$ ［W］

　　　　渦電流損　　　：$W_e = k_e G t^2 f^2 B_m^2$ ［W］

　　　　式中，k_h，k_e　：ヒステリシス損および渦電流損係数

　　　　　　G：鉄心重量

　　　　　　t：鉄板の厚さ（通常は0.35mm）

　　　　　　f：周波数

　　　　　　B_m：最大磁束密度

　　　　　　　　$B_m \leq 1$ ［Wb/m²］のとき $n = 1.5 \sim 1.7$

　　　　　　　　$B_m \geq 1$ ［Wb/m²］のとき $n = 2.0$

② 銅損（W_c）：巻線内の銅損である．したがって抵抗損でもある．

$$W_c = I_1^2 r_1 + I_2'^2 r_2'$$

r_1 および r_2 は直流抵抗で，温度により変化するので損失の比較をするときは75℃を基準とする（変圧器の最高運転温度）．その計算は次式による．

$$W_{c75} = W_{ct} \frac{234.5 + 75}{234.5 + t}$$

W_{ct}：温度 t ℃のときの銅損

W_{c75}：温度 75℃のときの銅損

③ 漂遊負荷損（W_s）：巻線内の表皮作用による抵抗増加のための銅損の増加，負荷時の漏洩磁束による付属物中の鉄損および渦流損である．この損失は温度上昇による抵抗増加によって減じるので，75℃の換算 W_{s75} は W_{c75} とは逆になる．

すなわち，

$$W_{s75} = W_{st} \frac{234.5 + t}{234.5 + 75}$$

以上の損失を無負荷時と負荷時について次のように分類する方法がある．

① 無負荷損＝鉄損（W_i）
② 負荷損＝銅損（抵抗損）（W_c）＋漂遊負荷損（W_s）＝短絡損

全損失は W＝鉄損 W_i＋銅損 W_c＋漂遊負荷損 W_s

(e) 電圧変動率

二次側の無負荷電圧を E_2，全負荷時の電圧（定格二次電圧）を E_{2n} とした場合，電圧変動率 ε は，二次側回路におけるベクトル図は図 3.2.10 のようになるので，

$$\varepsilon = \frac{E_2 - E_{2n}}{E_{2n}}$$

単位抵抗分電圧降下率 p，単位リアクタンス分電圧降下率 q を

$$p = r\frac{i_{2n}}{E_{2n}}, \quad q = x\frac{i_{2n}}{E_{2n}}$$

として，

$$\varepsilon = p\cos\phi + q\sin\phi + \frac{(q\cos\phi - p\sin\phi)^2}{200} \quad [\%]$$

$$\varepsilon \approx p\cos\phi + q\sin\phi$$

で与えられる．電圧変動率 ε は力率 $\cos\phi$ に大きく支配されることがわかる．

(f) 効　率

一次側から供給する入力電力を P_1，二次側から出力される電力が P_2 のとき，変圧器内部では，鉄心の中で鉄損が，一次二次巻線の中で抵抗損，渦電流損が，さらに，鉄心クランプやタンク壁内の渦電流による漂遊負荷損などの損失が発生する．したがって，P_2/P_1 の比が効率となり，次式で求められる．

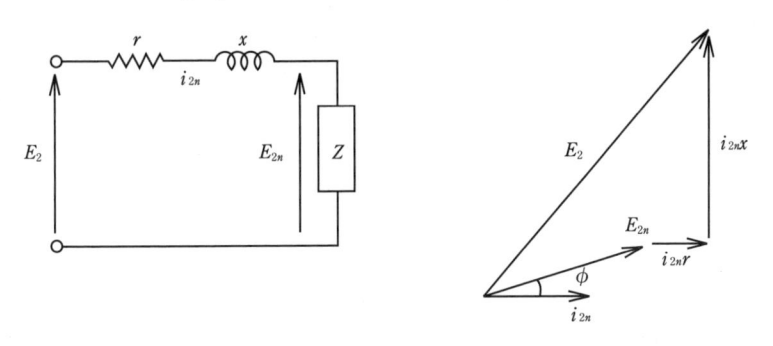

図 3.2.10　2 次側回路におけるベクトル図

効率 $\eta = \dfrac{出力\ P_2}{入力\ P_1} \times 100$

$= \dfrac{出力}{出力 + 全損失} \times 100$

$= \dfrac{入力 - 全損失}{入力} \times 100\ [\%]$

入力,出力から効率を求めるのは実負荷試験による.また,損失測定より全損失を求めて算出することもできる.式中の出力 P は,

$P = 3V_2 I_2 \cos\theta_2$

V_2:2次定格相電圧

I_2:2次定格相電流

しかし,一般に,実負荷をかけて測定することはほとんど不可能である.したがって,下記のように,測定された鉄損,銅損から効率を計算する.これを規約効率という.なお,効率算定時の銅損は,巻線温度が75℃のときのものを使用する.

負荷率 γ のとき,鉄損は不変である(無負荷損であり,負荷率には関係せず)が,銅損は負荷率の二乗に比例する(電流の二乗に比例する)から,負荷率 γ のときの効率は,銅損には負荷率 γ の二乗をかけて,下式で計算される.γ は通常,1.0,0.75,0.5,0.25 で計算する.

$$\eta = \dfrac{\gamma P}{P + W_{Fe} + \gamma^2 W_{Cu}}$$

(5) 単位法

変圧器を等価回路で扱う場合,一次側で扱うか,二次側で扱うかによって,回路定数が異なり,不便なことが多い.また,変圧器の容量,定格,電圧などに著しい差のあるものでは互いに各機を比較する場合に不便がある.これを避けるため,定格値に対する割合でインピーダンスを扱う方法,単位法で扱うのが普通である.そのために,下記で表される基準となるインピーダンスを一次側,二次側での基準単位(単位インピーダンス pu)とする.

$\dfrac{V_1}{i_1}, \dfrac{V_2}{i_2}$

これを用いて,一次側あるいは二次側からみたインピーダンスを pu で表すと,

各々は下記のように表せる．ただし，P はインピーダンスを pu で表すための基準となる容量である．$\dfrac{V_1}{V_2} = a = $ 巻数比として，

$$puZ_1 = \dfrac{Z_1}{V_1/i_1} = \dfrac{PZ_1}{V_1^2}$$

$$puZ_2 = \dfrac{Z_2}{V_2/i_2} = \dfrac{PZ_2}{V_2^2} = \dfrac{PZ_2}{(V_1/a)^2} = \dfrac{PZ_1}{V_1^2}$$

となって，両式は一致する．実用的には，これを 100 倍して％インピーダンス（％Z）として用いる．puZ（％Z）の基準単位を変えるときには，容量に比例し，電圧の二乗に反比例させて換算すればよい．この方式は，同期機にも用いられており，容量，定格，電圧などの異なるものを比較するのに都合がよい．

(6) 変圧器の結線方式と運転（運用）

変圧器の高低圧巻線の端子の極性は交流であるから常に変わるが，ある瞬間を捉えると，相対する一次，二次の端子の極性が常に同じであるか，反対であるかの 2 種類である．この極性を調べるのが極性試験であり，図 3.2.11 (a) のように同じ向き（UV と uv 方向）に電圧が誘起されている場合を減極性，(b) のように反対向きに電圧が誘起されている場合を加極性という．通常，減極性が標準である．

実際の送配電は三相でなされる．家庭用の配電は単相で線路は 2 本を要する．これに対し，三相電力を 3 本の線路で供給できることと，三相電力では，一様な回転磁界が作られ，特に誘導電動機を容易に利用できる利点がある．三相にして電力を供給するには，変圧器を単相で 3 台用いて三相を構成してもよいし，三相変圧器 1 台で構成してもよい．三相にまとめたものをバンクと呼ぶ．

三相変圧器の場合，鉄心は通常 3 脚もしくは 5 脚とし，各々の脚に三相各相の巻線を設けている．バンクを構成する各相の結線方法として，主に，星形結線（スター結線，Y 結線ともいう），三角形結線（デルタ結線，Δ 結線ともいう）があり，さらに，二相と三相の相変換を行うため，C. F. Scott が 1919 年に行ったスコット結線と呼ばれる結線もあり，鉄道のトロリ給電用などに用いられ

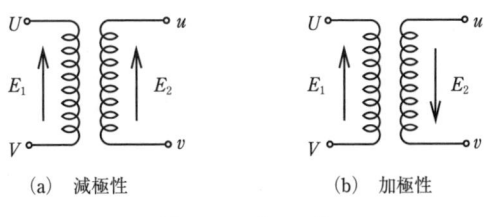

(a) 減極性　　　　(b) 加極性

図 3.2.11　極　性

ている．

変圧器の一次二次巻線に星形Y，三角形Δどちらの巻線を採用するかは変電所の目的により使い分けられており，それぞれ，次のような特徴がある．一般に，星形結線は高圧側に採用され，中性点の接地方式に役立てる．他方，三角結線は低圧側巻線に採用され，鉄心が必要とする高調波の通路になるようにする．すなわち，励磁電流の高周波（第三調波分）を流す回路を作る．

(a) Y－ΔとΔ－Y結線

Y－Δ結線は変電所の降圧変圧器に，Δ－Y結線は発電所の昇圧変圧器に広く用いられている．いずれの場合も，減極接続を行ったとき，一次と二次の線間には30°の相差角が生じる．一次か二次どちらかにΔ結線があるので，励磁電流の第三高調波は還流されて外部に出ないので，正弦波電圧が誘起される．また，中性点を接地できるため，異常電圧の発生が軽減できる．この結線では，中性点用負荷時タップ切換器が使用できる．三相不平衡負荷や各相の変圧比に差がある場合に流れる循環電流は小さい．しかし，一次，二次間に30°の位相差が生じ，Y側一相地絡では，他相の過励磁をもたらすことがある．

(b) Y－Y結線

この結線では，一次・二次両側を接地でき，位相差も生じない．しかし，励磁電流は鉄心の飽和により，正弦波磁束を発生させるためにはひずみ波となり，第三高調波が最も多く含まれる．Y－Y結線では，一次巻線中に第三高調波が流れないため磁束が逆にひずみ，二次相電圧中に第三高調波が生じる．しかし，二次線間電圧は相電圧の差であるため，第三高調波は120°×3＝360°で，各相とも同相となり，互いに打ち消しあい，二次線間電圧には現れない．励磁電流の第三調波分を流すΔ回路がないため，磁束および誘導起電力が正弦波とならず，誘導電圧は第三調波分を含むひずみ波形となる．励磁側の中性点が非接地の場合には，中性点電位が3倍周波数で変動する．

一方の中性点が接地してあれば，第三高調波電流は線路の静電容量を通して大地に流れ，通信線への誘導障害の原因ともなる．したがって，Y－Y結線変圧器は一次中性点を発電機中性点に接続するか，または後述のようにΔ回路として第三高周波電流を還流させて防止する．このように安定巻線を設けることが多い．このようなことから送電用には不向きであり，中性点が接地されない配電用の変圧器でY－Y結線の適用例がある．

(c) Y－Y－Δ結線

Y-Y結線において，中性点の電位の安定と零相インピーダンスを低減するために，第三次巻線 (tertiary winding) を設け，Δ接続にして外部回路（負荷）には接続しないようにして，特に，安定巻線として調相設備，または局部負荷を接続して使用される．

Δ巻線内に励磁電流の第三調波を流せるので，Y-Y結線の欠点が除かれる．

(d) Δ―Δ結線

この結線では，励磁電流の第三調波分の還流回路があるので，正弦波電圧が誘起され，電圧ひずみもなく，単相器のバンクであれば，一相分が故障してもV結線として使用できる．欠点は中性点を接地できないため，地絡保護を行いにくく，高電圧には使用しない．

(e) V結線

これはΔ―Δ結線の一相分を外したもので，open delta connection とも呼ぶ．故障時の応急処置として用いることが多い．相電圧は線間電圧に等しく，また，相電流が線電流と等しい．したがって出力 VA は，

$$\frac{V結線の三相出力}{Δ結線の三相出力} = \frac{\sqrt{3}V_L I_p}{3V_L I_L} = \frac{1}{\sqrt{3}} = 0.577$$

となり，Δ結線の場合の57.7％の出力しか出せない．また，Δ結線の場合は2台各々100％の出力を出すが，

$$\frac{V結線のときの2台の出力}{Δ結線のときの2台の出力} = \frac{\sqrt{3}V_p I_p}{2V_p I_p} = 0.866 = 利用率$$

となり，V結線の場合は1台当たり，86.6％しか出せないことになる．Δ接続の3個のうち1個が故障した場合とか，将来，配電電力を100％に拡張する予定地に早く設備する場合などには便利である．

(7) 並列運転

電力系統の負荷の増大や変圧器の経済運転の見地から数台の変圧器の並列運転を必要とする場合がある．

このような並列運転に必要な条件は，
① 一次，二次の定格電圧が等しいこと，すなわち，変圧比が等しいこと
② 極性が等しいこと
③ ％インピーダンスが等しいこと

④ 三相では相回転，位相角が等しいこと

で，並列では各々その容量に比例した負荷電流を分担し，互いの循環電流が実用上差し支えない限度内にとどめるのが望ましい．

　三相変圧器の場合は，Y接続とΔ接続とで30°の相差角があるので接続のときは注意を要する．位相の合わない場合の並列接続は局部的な循環電流が流れて変圧器に悪影響を及ぼす．この位相の差を角変位と呼ぶ．Δ–ΔとΔ–Y，Δ–YとY–Yの組み合わせは並列接続が不可能である．

(8) 電圧調整方式とタップ切換装置

　電源電圧の変動，負荷の増減による電圧降下の変化を補償し，用途によっては電圧の切り換えを必要とする場合に変圧器の電圧の調整が必要になる．変圧器のタップを切り換えることにより電圧を調整するには，一般に電流の小さい高圧側で行う．高圧側は特に，内鉄型変圧器では，外側に配置されていることも有利な点である．

　負荷時電圧調整器は負荷時タップ切換器とその駆動装置および保護などの付属装置から構成される．巻線にタップを設けて変圧比（巻数比）をある範囲内で，あるステップ電圧で変えられるようにする．負荷時タップ切換器は，タップ選択器（極性切換器または転位切換器を含む），切換開閉器と限流インピーダンス（抵抗またはリアクトル）からなる．変圧器にこのような切換装置を内蔵させる場合と，主変圧器とは別に電圧に「負荷時電圧調整装置」として設ける場合とがある．変圧器に内蔵させる場合においても，負荷時タップ切換器は，本体とは別室の切換開閉器室を設ける．これは，機械的機構部に生じる金属摩耗により発生する金属粉などの変圧器本体への混入を防ぐなどの理由による．

(9) 単巻変圧器

　図3.2.12のように，一次巻線が二次巻線をその一部に共通にしたものを単巻変圧器（autotransformer）と呼ぶ．

$$UV\text{ 間の巻回数} = W_1$$
$$uv\text{ 間の巻回数} = W_2$$

とすると，$\dfrac{W_1}{W_2} = a$（巻数比）となり，$\dfrac{V_1}{V_2} = \dfrac{i_2}{i_1} = a$ としてよい．

　さらに図の直列巻線，共通巻線の電圧，電流はそれぞれ，

$$V_s = V_1 - V_2, \quad i_s = i_2 - i_1, \quad V_c = V_2, \quad i_c = i_2 - i_1$$

で与えられることから，直列巻線，共通巻線部分の電力 P_s, P_c は次のように等しくなる．

$$P_s = V_s \times i_1 = (V_1 - V_2) \times i_1 = V_1 \times i_1 \times (1 - \frac{1}{a}) = P \times (1 - \frac{1}{a})$$

$$P_c = V_2 \times i_c = V_2 \times (i_2 - i_1) = V_2 \times i_2 \times (1 - \frac{1}{a}) = P \times (1 - \frac{1}{a})$$

ただし，P_s, V_s, i_s：直列巻線部分の容量，電圧，電流
P_c, V_c, i_c：共通部分の容量，電圧，電流

さらに，高低圧巻線の電力，すなわち，系統容量 P の $(1 - \frac{1}{a})$ 倍である．これを自己容量と呼んでいる．このことは，例えば，$\frac{V_1}{V_2}$ の値が2のときは，系統容量の半分の大きさの変圧器で済むことを意味する．

(10) 計器用変成器

電圧にしても，電流にしても，一般には電圧・電流を直接計器に接続して測定することは危険である．したがって，計器類を安全に接続できるような低い電圧，または少ない電流に低減する必要があり，正確な測定をするためには，その巻数比も厳密でなければならない．

電圧変成器は図 3.2.13（a）のように，V_1 を高圧側，V_2 を低圧側としてこれに電圧計を接続し，高圧側の電圧を低圧側の電圧計で測定するのが目的である．そして，V_2 に巻数比 a をかけ V_1 を求めるが，実際は，

$$V_1 = a' V_2$$
$$a' = ap, \quad p = 校正係数, \quad a = \frac{W_1}{W_2}$$

であるので，p を V_1 の広い範囲で一定に，かつ1に近づけること

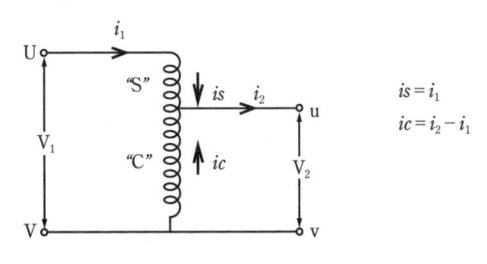

$is = i_1$
$ic = i_2 - i_1$

S：直列巻線
C：共通巻線

図 3.2.12　単巻変圧器

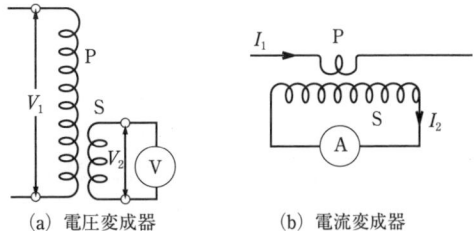

(a) 電圧変成器　　(b) 電流変成器

図 3.2.13　計器用変成器

が必要である．このためには，鉄心断面積を大きくし巻線を太くする必要があり，同容量の電力用変圧器に比べ形状が大きく重量も重くなる．

電流変成器は図 3.2.13（b）のように，一次巻線 P を電流測定回路に直列に入れ，二次巻線 S に電流計を接続し，この電流計の電流値 I_2 より一次電流を求めるのが目的である．一次電流が高電圧か，または，大電流で直接測定するのが困難な場合に用いる．電流計に適した電流まで下げることが必要である．一般には，$W_1 = 1 \sim$ 数回巻，$W_2 =$ 多数巻である．

3.2.2 遮断器

（1）遮断器とは

遮断器（Circuit Breaker：CB）は，常時の回路の開閉操作以外に，短絡・地絡などの故障時に発生する大きな電流（発変電所の全負荷電流よりも非常に大きな電流）を速やかに，かつ安全に遮断するものである．

電力供給システムで短絡や地絡のような故障が発生した場合，遮断器は速やかに事故電流を遮断して機器などの破損を防ぐとともに，電力の安定供給を図る電気機器である．そのため，遮断器は一般的に次のような基本的役割を持っている．

① 閉路時，すなわち，回路をつないで通電しているときは良好な導体であり，常時の電流はもとより，短絡電流に対しても一定の時間内は熱的，機械的に耐えること．

② 開路時，すなわち，回路を切り離したときには良好な絶縁体であり，運転電圧，そのほかの定められた電圧に耐えること．

このような役割に加えて，

③ 短絡状態にある回路を接触子の溶着などを伴うことなく，短時間で遮断すること．

④ 定格遮断電流以下の電流を，異常電圧を発生することなく，短時間で遮断すること．

このような機能を行うものとして，現在使用されている高電圧遮断器はほとんど機械的に接触子を開閉する方式であり，消弧媒体に絶縁性のガスあるいは油などを用いることにより，開路状態における高い絶縁の能力が得られる．

電力系統のごく初期においては，気中開閉による開閉器とヒューズが用いられたが，電圧が数千 V になると，これでは遮断が困難になり，絶縁油中で単純な

接触子により開閉する遮断器が作られた．これが並切型油入遮断器といわれるものである．遮断時に接触子間に生じたアークが，油の分解によって発生した水素を主体としたガスに包まれ，このガスの冷却力，およびガス圧力と，さらに，ガスと油の乱流によって消弧されるのもので，気中での遮断に比べ大きな遮断能力を持つようになった．昭和30年代の初めまでは油入遮断器の時代であったともいえる．

ところが，電力系統がさらに拡大するにつれ，短絡容量も大きくなると，並切型では，油中での分解ガスによりタンク内の圧力が高くなりすぎるなどの問題が生じ，消弧室付の油入遮断器が各種開発された．さらに消弧室の開発が進むにつれ，碍子型遮断器や小油量型遮断器が開発された．碍子型油遮断器は消弧室を碍管の中に収め，これを支持碍子あるいは支持碍管で支持するもので，対地絶縁も容易になり，絶縁油も少量ですみ広く用いられるようになった．しかし，30kV以下ではタンク型のほうが価格は安く，このクラスではタンク型が多く用いられていた．今でもアメリカでは，高電圧回路でもタンク型で小油量の遮断器が用いられている．

油入遮断器が発達し使用されていく段階において，空気遮断器も発展を遂げた．電力系統の拡大に伴う安定度の向上を図るために，大容量・高性能遮断器が必要となり，66kV空気遮断器を輸入し導入した．十数 kg/cm^2 の圧縮空気を遮断部のアークに吹き付けて消弧する方式で，1950年ごろより1980年ごろまで66kV以上の回路の主要遮断器となった．空気遮断器の導入により遮断器の電気的特性はよくなってきたが，操作機構，部品，材料不良などトラブルが後を絶たなかった．その後，事故対策や購入仕様の統一，保守基準の策定などが電気協同研究会などを通じて行われ，空気遮断器の事故率は大幅に低減した．1970年代になると，500kV, 45 000MVA, 8点切りの空気遮断器が導入され，500kV系統の運転が始まった．

1960年代後半になり高度成長期に入ると，電力需要が急増し，さらに地価の高騰も手伝って，よりコンパクトな変電所の必要性が高まった．SF_6ガスの絶縁性能と消弧性のよさが見いだされ，このSF_6ガスを用いたガス絶縁開閉装置（GIS）の開発が進められた．まず66kV用に初適用されたのが，空気遮断器の技術を活用した複圧式のガス遮断器であった．これは，消弧室と断路部が接地されたケース内に収納され，対地絶縁用に封入されたガス圧力（2～3気圧）と，消弧および極間絶縁用に封入されたガス圧力（約15気圧）とのSF_6ガスの圧力差による

ガスの吹き付けを利用してアークを消弧するものである．しかし，構造が複雑であることと，高圧力のガスを用いるため，温度が低くなるとガスが液化するなどの問題もあった．そこで，ガスを圧縮して噴き付ける単圧式のガス遮断器が開発された．これらの実績のもと，1980年代からは，500kV系統にも4点切りのガス遮断器が適用された．

その後，電界解析やガス流解析などの解析技術の進歩により，最適な消弧室の開発，油圧操作機構の開発などを受けて，275kV，1点切りガス遮断器，さらには，500kV，2点切り遮断器が開発，適用された．

一方，1 000kV送電（UHV送電）を見込んで，1 000kV機器開発も進められ，またその技術を生かしていっそうコンパクトで，信頼性の高い遮断器の開発も進められた．その結果，開閉サージを抑制するために抵抗投入や抵抗遮断方式の2点切りガス遮断器も開発された．1 000kVガス遮断器の消弧室1点分を適用した500kV，1点切りガス遮断器が開発され運転を開始している．

これに対し，3.3～6.6kVの回路では，タンク型油入り遮断器に引き続き磁気遮断器が広く採用されていた．これは，遮断時に吹き消しコイルに電流を流し，この磁気によってアーク耐弧性の消弧板（アークショート）の間に形成される狭い隙間に，アークを押し込んで消弧するものである．

これらの変遷を経て，現在では72kV以上においてはSF$_6$ガス遮断器が，36kV以下においては真空遮断器が主流となっている．

配電用変電所の受電用遮断器としては，1950年ごろから1980年ごろまでは油入遮断器と碍子型遮断器の2種類の遮断器が使用されてきた．その後，コンパクト化，さらに環境調和にも配慮して，真空遮断器と開閉装置を一体化した油絶縁開閉装置と固体絶縁開閉装置なども適用されている．真空遮断器は配電用遮断器の主力として数多く適用されている．

一方，最近では，サイリスタ1素子当たりの高電圧，大容量化が進んでおり，制御の容易さからサイリスタ遮断器としても用いられるようになった．しかし，遮断器は常時に異常なく通電することが重要な機能であることから，サイリスタの場合は，多数の素子を直並列に接続する必要があり，電圧降下も大きく，したがって，発熱量も大きく，大型の冷却装置が必要になるなど，経済的に見合わないものとなる．低電圧の特殊用途に限られている．

(2) 遮断器に課せられる責務

遮断器は，常時あるいは異常時など，設置された場所におけるあらゆる形態に開閉を行うことができなくてはならない．遮断器が果たさなければならない機能として「責務」という言葉が用いられる．遮断性能を決定する主要要因としては，遮断電流と過渡回復電圧があげられる．各国の系統状態によって規格は異なり，国際規格 IEC や米国規格 ANSI，さらには日本国内では JEC で，試験条件なども細かく規定されている．規格では，下記のような代表的な遮断現象について，標準的な値を設定して遮断器の遮断性能を規格化している．

(a) 短絡遮断

遮断器の最も重要な責務は異常時に回路を開閉することである．異常時の開閉性能については「定常遮断電流」，「定格投入電流（定格遮断電流を 2.5 倍したもの）」が電圧階級ごとに標準化されている．定格遮断電流の選定に当たっては，電力系統に発生する各種電流を算出しなければならないが，通常は三相短絡電流が最も大きく，その値に対して標準値から選定される．

遮断を完了した場合，すなわち，アーク電流が零になった瞬時には，遮断器の極間には電源周波数の定常電圧，いわゆる回復電圧に落ち着くまでの過渡的な電圧が発生する．この過渡的な電圧は「過渡回復電圧 TRV（Transient Recovery Voltage）」といわれる．アーク電流遮断後の極間は，この電圧に対して絶縁を保たなければならない．過渡回復電圧は系統の状態によって変化するものであるが，経済性などを考慮して標準値を決定する．

(b) 遮断器端子短絡故障遮断（Breaker Terminal Fault：BTF）

遮断器の線路側端子で三相短絡故障が生じたときに最大の短絡電流が流れる．したがって，遮断器の定格遮断電流はこれを上回っていなければならない．このときの短絡電流は電源電圧に対して 90°遅れ位相であり，その電流零点で消弧したとき，電源電圧は波高値にある．電源側静電容量の電荷はほぼ零の値から波高値に向かって立ち上がることになる．そして減衰振動しながら電源電圧波形に収束する．このとき，過渡的に過渡回復電圧 TRV が発生する．この様子を最も単純化した回路で図 3.2.14 に示す．消弧がそのまま遮断成功に至るためには，極間の絶縁耐力回復電圧より上回っていなければならない．

(c) 近距離線路故障遮断（Short Line Fault：SLF）

大容量母線に接続された遮断器から数 km 離れた遠方の線路上で発生した地絡事故（短絡）を遮断すると，線路上の電荷の往復反射によって遮断器極間には非

第3章 変　電

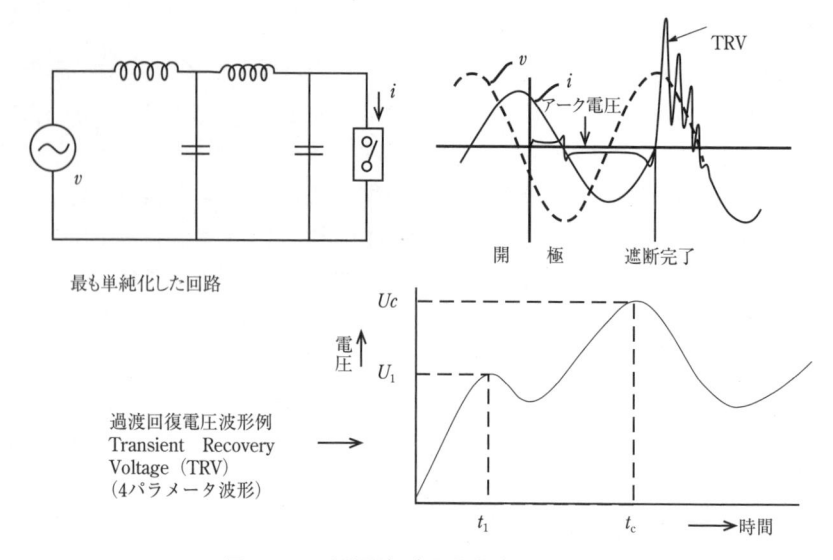

図 3.2.14　遮断器端子短絡故障（BTF）の現象

常に高い周波数の三角波状の過酷な再起電圧が発生し，消弧後の絶縁回復が追いつかず，遮断不能を引き起こすことがある．これを近距離線路故障（SLF）と呼ぶ．電源側の TRV は基本的には BTF と同じであり，遮断器の極間には両側の差の電圧が印加される．このように SLF は線路側の高周波 TRV が印加されるため，過渡回復電圧上昇率（Rate of Rise of Transient Recovery Voltage：RRTV）は，BTFと比べて3～6倍高く，遮断器にとって厳しい条件の一つとなっている．

(d) 進み小電流遮断

　架空線路やケーブルの充電電流を遮断する場合や，コンデンサバンクなどの容量性負荷の接続されている回路を開閉する場合が進み小電流遮断の条件であり，再点弧すると異常電圧が発生する．遮断後，負荷側（線路側）には電源電圧の波高値にほぼ等しい電圧が残るが，電源側電圧が半サイクル（180°）進んだところで，遮断器の極間にはコンデンサ側の残留電圧と電源側電圧の差，すなわち，電源側の波高値（Em）の2倍の電圧がかかる．このとき極間の絶縁回復が十分でなければ再点弧による高周波振動の異常電圧が発生する．この場合，高周波振動の第1波目で消弧すると負荷側端子には 3Em の電圧が残る．この後，電源側電圧の半サイクル後には，遮断器の極間には 4Em の電圧が印加され，極間の絶縁回復が問題となる．同様な現象が次の半サイクル経過後にも起きると電圧は奇

数倍で上昇していき，機器の絶縁を脅かすようになる．
 (e) 遅れ小電流遮断
 　無負荷変圧器の励磁電流，およびリアクタ電流の遮断の場合を遅れ小電流遮断という．この場合，問題となるのは，電流が小さいために起きる電流裁断である．裁断が発生すると，変圧器の端子には異常電圧が発生し，絶縁が脅かされる場合がある．
 　通常，変圧器の励磁電流は小さく（20A以下），裁断が起きても異常電圧のレベルが低く問題となることはほとんどない．一方，リアクタの電流は数百A以上となるものが多いので，裁断を起こすと許容値以上の異常電圧が発生することがある．運用に当たっては遮断器およびリアクタの特性から充分な検討を行う必要があり，場合によっては抵抗遮断方式，あるいは避雷器を採用する必要がある．

(3) 遮断器の構造
　遮断器は，機械的に動作して接触子により接点の解離あるいは接触を行う．遮断器の可動部分の操作機構の機能は，
　① 投入：指令により接触子を投入する．
　② 投入保持：接触子を投入位置に維持する．
　③ 引き外し：接触子を解離し，かつ，吹き付け弁を動作する
　④ 開路保持：接触子を開放の位置に保持する．
という4つの一連動作の繰り返しである．
　このような遮断器の一般構造的な要求に対して，電気的，機械的に耐えるように，耐圧力，機械的強度が要求されている．特に，代表的な操作機構の例は次のようなものである．
　① 空気操作：圧縮空気によるピストンの駆動力を用いて投入する方式．5～15気圧の空気を用いる．大きな機械系，質量の重い可動部を駆動するのに最も簡単な手法で多く用いられている．
　② 電磁操作：電磁石の吸引力で投入する方式．ストロークの最終位置で最大の吸引力が得られるが，そのためには大きな電磁石と大きな電源を必要とする．主に，小型の油遮断器や磁気遮断器などに用いられる．
　③ 油圧操作：アキュムレータに蓄えられた油圧を利用し，ピストンを駆動させ投入する方式．油は比圧縮流体であるので，駆動力の制御が容易で，大きな可動重量を持つ大型機器の高速度投入を衝撃なしで行うことができる．

小型で，大きな駆動力が得られる．
④ ばね操作：電動機によりばねを蓄勢し，そのエネルギー（蓄勢力）で投入する方式．高速度の投入に適しており，操作機構を小型にできる利点を有する．油遮断器，磁気遮断器，真空遮断器などに用いられる．

（4） SF_6 ガス遮断器（GCB）

　従来66kV以上の電力系統に多数使用されてきた空気遮断器は騒音の点で，また，油遮断器は保守点検における省力化の点でそれぞれ難点があった．これらの問題を一挙に解決できるものとしてSF_6ガスの優れた消弧能力，絶縁強度を利用したガス遮断器（Gas Circuit Breaker：GCB）が大きく注目されるに至った．

　一方，変電所のコンパクト化という時代の要請から，SF_6ガス絶縁による密閉型開閉装置（ガス絶縁開閉装置，Gas Insulated Switchgear：GIS）が脚光を浴びるようになり，これに使用される遮断器もガス遮断器が適しているため，その発展が加速された．ガス遮断器は遮断部を碍子または接地された金属タンク内に収める．ガス遮断器の消弧原理および遮断部の構造は空気遮断器とほぼ同じであるが，空気遮断器に比べて次の特徴を有する．

① 多重切りの場合，遮断点数が$\frac{1}{2}\sim\frac{1}{8}$となるので寸法が小さくできる．
② 空気遮断器の場合のような，消弧に使用した空気の大きな排気騒音が発生しない．
③ 多重雷などの厳しい条件に対しても優れた遮断性能を有する．
④ 小電流遮断時の異常電圧が小さい．
⑤ SF_6ガスは化学的に安定した不活性気体であり，接触子の酸化，腐食などがない．
⑥ アークによる接触子の損耗が非常に小さく，保守点検が容易である．

　SF_6ガス遮断器の開発は，日本では1960年代から活発になり，まず，複圧式ガス遮断器の開発が進められた．これは，消弧室と断路部が接地された金属ケース内に収納され，対地絶縁のためにSF_6ガスを約2～3気圧で封入し，消弧および極間絶縁のために圧力を約16気圧に高めたSF_6ガスを使用し，遮断の際，高圧ガスを接触子間に吹き付け，低圧容器に回収するものである．すなわち，圧力差によるガスの吹き付けを利用してアークを消弧するものである．1970年代に電力会社へ納入された．

　一方，遮断動作時に接触子の動作に直結したパッファーシリンダを駆動するこ

とによって，固定ピストンとの間で圧縮装置として吹き付け圧力を得る．図3.2.15のような単圧式ガス遮断器が現在では主流になっている．図3.2.15に遮断動作中における単圧式ガス遮断器の消弧原理を示す．操作機構によりパッファーシリンダと一体化した可動アーク電極を駆動することによって開極を行い，発生したアークにパッファーシリンダとピストンで作られる高圧ガスを絶縁ノズルを通して吹き付けて消弧するものである．

また，国内の屋外一般用遮断器として当初は碍子型のものも作られたが，耐震性能，GIS用遮断器と共用化することによりスペースが小さくできる，などのメリットから，現在ではタンク型がほとんどである．これに対し，国外ではGISを除いて碍子型が大半を占めている．

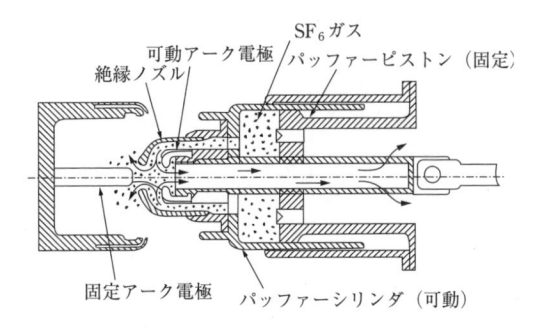

図3.2.15 単圧式ガス遮断器の消弧原理

(5) 真空遮断器

真空遮断器の原理は，すでに1890年代に知られていたが，真空技術・冶金技術が未発達であったため，実用化されたのは1950年代米国であった．

日本で，真空バルブが最初に高圧真空スイッチ（7.2/3.6kV−400A，50/25MVA）として実用化されたのは，1965（昭和40）年のことであった．現在では，この真空スイッチに代わり，セラミック容器から成るさらに小型の真空コンタクタバルブも製作されている．また，柱上真空開閉器も数多く製作されている．真空遮断器も大容量化，小型化が進められている．

遮断原理は 1.3×10^{-4} Pa程度の高

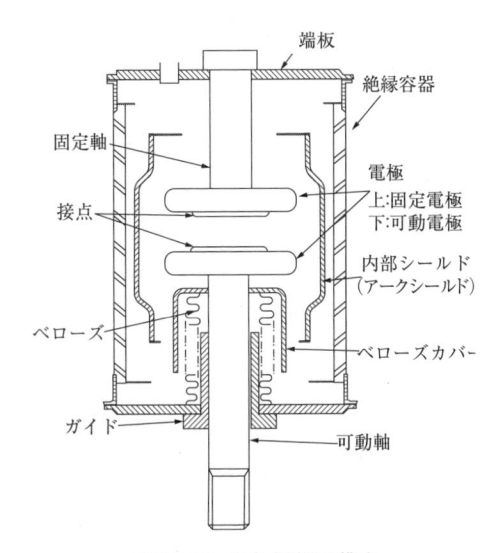

図3.2.16 真空遮断器の構造

真空におけるアークの拡散作用を利用して消弧を行うものである．高真空においては，ギャップ長が短くなると非常に高い絶縁耐力を持つことや，アークから発生した金属蒸気の拡散が早いことから，真空遮断器は優れた遮断能力を有している．

遮断器の構造は図 3.2.16 に示すように，固定・可動の両電極が真空バルブの絶縁容器内に組み込まれている．アークが電極面に局部的に固定され，局部過熱が発生しないようにしなければならないので，スパイラル状の電極を用い

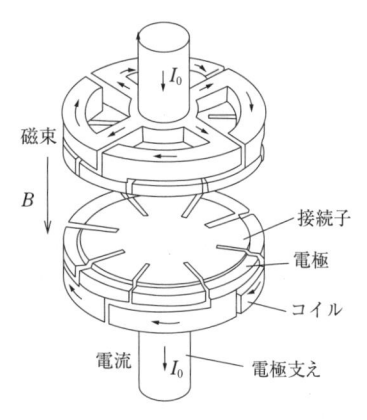

図 3.2.17 真空遮断器の縦磁界型電極

たり，縦磁界型電極を用いたりするなどの工夫がなされている．縦磁界型電極は，特に大電流の遮断に適しているもので，図 3.2.17 にその構造を示す．電極支えより流れ込む電流は，4 分割されて各々 $\frac{1}{4}$ 円周部を構成するコイルへと流れ，電極表面に至る．この 4 つの $\frac{1}{4}$ 円周部より等価的に 1 ターンのコイルが形成され，コイルに発生した磁界は，電極間に発生したアークと同軸方向に加えられる．このような縦磁界型電極間に発生したアークは，磁界により均一に安定させられ，その結果，アーク電圧を低くし，電極間で処理すべきエネルギーも少なくすることになり，大電流を電極の損傷なしに遮断可能にしている．

この真空遮断器の特徴は不燃性であること，有害物質を一切使用しないこと，小型で，アーク電圧が低く，電極消耗が少ないため多頻度操作に適していることなどがあげられる．さらに，真空バルブの保守はほとんど必要ないことも手伝って，低電圧，中容量の遮断機として広く用いられている．

3.2.3　断路器と接地装置

(1) 断路器とは

遮断器と類似した用途のものに，断路器，接地装置がある．いずれも回路の開閉動作を行うが，断路器は，回路の接続変更や機器の点検，修理の場合に，変電所内の機器を電力系統から切り離すために開閉操作されるものである．負荷または電圧の加わっている回路を遮断器で開いた後，さらに安全のために回路を切り離すときに用いる．このように断路器は電流の流れていない回路の開閉に使われ

るが，短い線路の微小な充電電流や変圧器の励磁電流や変圧器の励磁電流の開閉ならば行うことができる．

(2) 接地装置とは

接地装置は主回路の接地を行うもので，点検工事のときなどに投入される．接地装置は，断路器の使用回路が無電圧のとき，点検手入れの際，閉路して大地に接続する装置で，断路器の開閉時のみに操作されるものである．併設されている架空送電線からの電磁誘導，静電誘導による電流に対する連続通電能力，開閉能力，投入容量，あるいはケーブルの残留電荷放電容量などを備えることもある．断路器が開放状態で，かつ線路側が無電圧でなければ接地装置が投入できないようにすることと，接地機構が投入状態のときには断路器の投入ができないようにすること（インターロック機能を持たせる）が必要である．

(3) 断路器，接地装置の開閉操作と責務

断路器は充電された回路の開閉操作のほかにループ電流や進み小電流，遅れ小電流の開閉操作が要求されることを想定しておく必要がある．

(a) 充電電流

小電流であれば，接触部の損傷はほとんど問題にならない．しかし，開閉頻度が多い場合や開閉電流が比較的大きい場合は，補助接触子を取り付けることが望ましい．

(b) 励磁電流

一般に励磁電流は充電電流に比べて大きいため，接触部の損傷が投入操作時に著しい．送電用変圧器では，励磁電流が大きいため，一般には開閉不能である．

(c) ループ電流

ループ電流は，一般的には，充電電流に比較して大きい．このため，回復電圧が大きい場合は接触子の焼損が問題となる．ループ電流開閉を行う断路器には，ループ電流用補助接触子を取り付けることが望ましい．

(4) 断路器，接地装置の構造

断路器には，屋内用，屋外用，あるいは取り付け法（水平，垂直，上向き，下向き）や操作法（フック棒で行うか，連結機構を介して遠方操作で行うか，また，人力，電気力，空気力，ばねの蓄勢力によって行うか）などによる分類がある．

さらに，絶縁媒体（気中遮断器か SF_6 ガス遮断器か）や断路方式によっても分類される．断路方式による分類としては，可動接触子（ブレード，断路刃）が断路器ベース（回路の横軸）に対し，直線運動をして開閉する方式か，回転運動をして開閉する方式（この場合でも，並行に回転動作する水平切り，垂直に回転動作する垂直切りがある）などに分類される．また，ガス断路器では消弧方式によって，並切消弧型断路器とパッファー型断路器などの方式の断路器がある．

断路器の点数による分類としては，1極につき1個の断路部を持つ1点切りと，1極につき2個の同時に開閉される断路部を持つ2点切りがある．

屋内用は，一般に垂直1点切りの形に属する形態が多いが，取り付けは垂直，あるいは下方に向かって開離するように行われる．

特殊なキュービクル用としては回転式のものもある．屋外用としては水平2点切りあるいは水平1点切りのものが我が国では多用され，外国では垂直1点切りあるいはパンタグラフ形のものもよく使用されている．

電圧が60kV以上になると気中開閉方式では消弧性能が十分ではないため，SF_6ガスを利用した断路器と接地装置が主流となっている．500kV断路器は単相型で，操作機も相ごとに取り付けられている．操作方式には電動バネ，電動，圧縮空気操作の3種類がある．形状は通電路がL型のものと主母線の真上に断路部を持つ母線一体型があり，各種変電所のレイアウトに応じられるようになっている．一般用断路器はレイアウトにもよるが，接地装置と断路器は同一タンク内に収納され，スペースの縮小化が図られている．

3.2.4 避雷器

（1）避雷器とは

避雷器は雷または回路の開閉などに起因する異常電圧の波高値がある値を超えたとき，これに伴う電流を分流することにより異常電圧を制限し，電気機器の絶縁を保護し，かつ，続流を短時間のうちに遮断し，系統の状態を乱すことなく，元の状態に自復する機能を持つ装置である．

（2）避雷器の構造

避雷器には，内部，もしくは外部に何らかの直列もしくは並列のギャップを使用するギャップ付避雷器と，一切のギャップを使用しないギャップレス避雷器が

ある.

ギャップ付避雷器は炭化ケイ素（SiC）を主成分とする焼成体の特性要素と直列のギャップからなる．直列ギャップの消弧特性により磁気吹き消し型と減流型に分類される．磁気吹き消し型避雷器は主電極間に発生したアークを磁界の力により駆動させ，アーク電流がゼロになったときにギャップ間のアークを消滅させ，絶縁耐力を自復させるものである．減流型避雷器は，直列ギャップにコイルを設け（減流形ギャップと呼ぶ），このコイルで発生する磁界の力でアークを長くて狭い間隙の中に閉じ込め，続流電流を絞って強制的に電流を遮断するものである．

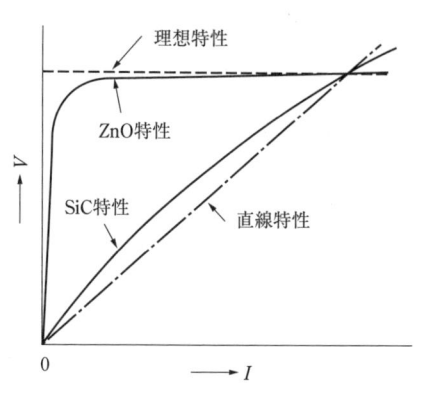

図 3.2.18　避雷器特性要素の V–I 特性

ギャップレス避雷器は非直線性素子である酸化亜鉛（ZnO）素子を使用したもので，SiC 素子を使用した避雷器のように直列ギャップを使用しない避雷器である．酸化亜鉛素子の V–I 特性は図 3.2.18 に示すように，電圧がかかっても極めてわずかな電流しか流れず，実質的に絶縁物として働くため，直列ギャップが不要で，ギャップレス避雷器として用いることができるものである．図には SiC 特性とあわせて ZnO の V–I 特性を示した．

3.2.5　調相設備

(1) 調相設備とは

負荷力率を改善し，併せて電圧調整も行うもので，同期電動機の無負荷運転による同期調相機を用いる場合（回転形）と，分路リアクトルや電力用コンデンサを用いる場合（静止形）がある．

(2) 同期調相機

同期調相機は同期電動機を無負荷で運転し，界磁電流の調整によって負荷の力率を調整する装置である．界磁電流を調整することにより電機子電流を変え，電流を進み（進相）にしたり，遅れ（遅相）にしたりすることができる．この界磁

電流と電機子電流との関係は，図 3.2.19 に示すような同期調相機の V 曲線と呼ばれる．

(3) 電力用コンデンサ

力率改善と電圧調整に用いられるが，コンデンサであるため，進み方向に調整することはできるが，遅れ方向には調整できない．

電力用コンデンサのコンデンサ素子は，アルミニウム箔を電極とし，層間絶縁物としては油浸紙，もしくは油浸紙をポリプロピレンフィルムで挟み込んだものが用いられ，絶縁油とともにタンク内に収められている．付属品として，直列リアクトルを取り付け，回路の電圧波形ひずみを抑える．

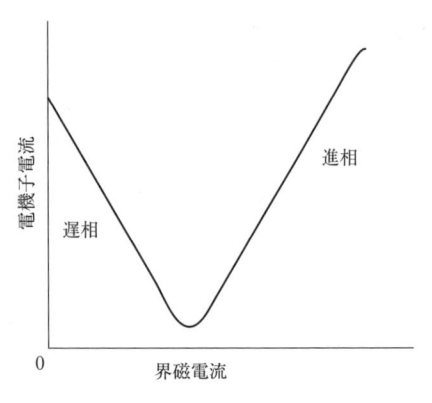

図 3.2.19 同期調相機の V 曲線

(4) 分路リアクトル

分路リアクトルは交流回路に並列に接続し，電力系統の無効電力を補償するために用いる．電力用コンデンサと組み合わせて用いられる．変圧器と同様な構造を取るが，鉄心脚部に多数のギャップを設けるため，変圧器より騒音，振動が大きくなる．

3.3 複合開閉装置

　高い絶縁能力を有する絶縁材料を母線および開閉設備に適用して開閉装置の縮小化を図ったものである．特に不燃性の絶縁物材料で，気体ではSF_6ガスを，固体ではエポキシ樹脂を用いる．いずれも，母線導体や開閉設備の充電部を完全に接地されたタンクにより，密封絶縁して縮小化と不燃化を図ったものである．SF_6ガス絶縁はガス遮断器と組み合わせてガス絶縁開閉装置（Gas Insulated Switchgear，GIS）として，エポキシ樹脂による固体絶縁は真空遮断器と組み合わせて固体絶縁スイッチギア（Solid Insulated Switchgear，SIS）として使用することが多い．
　これらの複合開閉装置は次のような特徴を有する．
- 大気絶縁を用いたものに比べ著しく小型化が図れる．
- 充電部が密閉もしくは隠蔽されており，触れても安全である．
- 油を用いず，不燃性で，環境に優しい．したがって，屋内，特にビルなどの地下変電所に適す．
- 大気中の汚損を受けず，信頼度が高く，保守が容易である．
- 現地据付工事の工期が短い．

(1) ガス絶縁開閉装置（GIS）
　GIS は絶縁性能ならびに消弧性能の優れた SF_6 ガスを 0.3〜0.6MPa の圧力でタンク内に封入した母線，開閉装置，変成器，避雷器などを互いに接続したものである．気中絶縁方式に比べ，大幅に機器の縮小化が図ることができる．さらに，導体，接点など電気のかかっている充電部分は接地されたタンク内に収められるため，感電のおそれがなく，安全離隔距離なども大幅に縮小される．機器の縮小化とも合わせて，変電所用地も大幅に縮小される．昨今では，変電所の周囲環境との調和を図る動き，景観の向上などに大きく貢献している．

(2) 固体絶縁開閉装置（SIS）
　SIS は固体絶縁スイッチギアの総称であり，エポキシ樹脂により充電部をモー

ルド絶縁し，真空遮断器と組み合わせ，一体化した高信頼性の縮小開閉設備である．従来のキュービクルに比較して大幅な縮小化が図られている．

第4章

送　電

第4章 送　電

第2章で述べた各種方式によって発電された電力は，当然，これを必要とする需要家へ送られなければならない．すなわち送電することになる．

その昔，劇場や画廊といったスポットを対象として照明した時代では，発電機と負荷とは一対一に対応していたが，今日では発電機も多機，負荷も不特定多数であるから，当然その間に電力を搬送する送電が行われなければならず，そのための線路が必要となる．

また，電気の質，すなわち，電圧一定，周波数一定，無停電が強く要求される．さらに，電気の貯蔵は不可能であるから，時々刻々変化する負荷変動に常に追従して，需要量を充たして行かなければならない．

そのうえ，これら線路の事故も発生するであろう．このようなとき，いかに対処するかも極めて重要である．

このような多岐にわたる諸問題をここでは扱う．

4.1 線　　路

　送電する電力量の平方根に比例して，送電電圧を概して高くする．現在日本で使用されている主幹送電電圧は下記のとおりで，いずれも対称三相交流である．我が国で電線路に使用されている標準電圧は公称電圧で代表され，電線路を代表する線間電圧で表示する．

　　　　　　66（77），（110），154（187），（220），275，500　kV

括弧内の電圧は主に西日本地域および北海道（110, 187kV）で採用されている．

　二次送電電圧（配電電圧）としては三相で，

　　　　　　（33）22, 11, 6.6, 3.3　kV

対称三相交流では，三相の帰還電流の和が零となるので，三相三線で済み，経済的送電が可能となる．

　家庭など小規模配電電圧としては単相で，下記が使用される．

　　　　　　440, 220, 110　V

　これらは大気に絶縁を頼った架空送電線路と，油や固体に絶縁を頼ったケーブル線路とがある．いずれにしてもこれらの線路は通常1ルート2回線で構成される．

　また，長距離線路の場合，中間に開閉所を設けて遮断器を配し，線路の故障や補修の場合，短区間の除去で済むように配慮されている．

　通常，送電線の両端は変圧器につながっているので，送電線につながる変圧器巻線を星形結線にして，その中性点を利用して接地できる．送電線の接地方式として，下記三とおりがある．

　① 非接地：変圧器巻線の結線が星形（Y結線）でも，三角形（Δ結線）でもよい．非接地系統では，線路の地絡電流が少ないので，電話線への誘導障害が少ない．

　　　日本では33kV以下の系統で採用されている．

　② 抵抗接地：変圧器巻線が星形結線の場合，中性点は抵抗を介して接地する．ただし，地絡電流を抑え電話線への誘導障害を抑えるため，適当な抵抗値とする．

66～161kV の系統で採用されている．

③ 直接接地：電話線への誘導障害は問題ではなく，むしろ系統の過電圧抑制を目的として，変圧器中性点を直接接地する．

220kV 以上の系統で採用されている．

4.1.1　架 空 線

架空線路は図 4.1.1 に示すように鉄塔から腕を出し，ここから碍子装置で絶縁して，導体を懸垂する構成としている．碍子としては，図 4.1.2 のような懸垂碍子と図 4.1.3 のような長幹碍子とがある．いずれの場合も，その両端にはアークホーンが設けられている．これは雷サージにより碍子沿面でフラッシオーバする際，放電電流を碍子沿面から遠ざけて，碍子を保護する役目を持たせるものである．碍子の連結個数，あるいは長幹碍子の長さは，送電電圧や線路が通過する地区の塩害度によって決められる．

線路導体と鉄塔との絶縁距離，他相との絶縁距離（相間絶縁距離）を確保しつつ，鉄塔寸法諸元が決まることになる．また，鉄塔最上部には一条あるいは二条の接地線が設けられ，雷が送電導体へ直撃することを避けるようにしている．これを架空地線という．

導体は多くの場合，鋼心アルミより線（Aluminum Conductors Steel Reinforced,

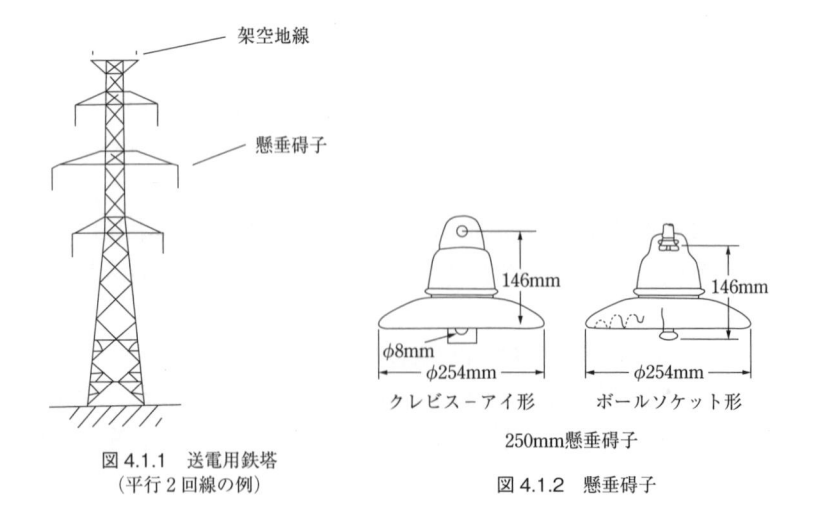

図 4.1.1　送電用鉄塔
（平行 2 回線の例）

図 4.1.2　懸垂碍子
250mm懸垂碍子
クレビス－アイ形　　ボールソケット形

ACSR）（鋼心）が採用される．図4.1.4のように，機械的強度は中央の鋼線に頼り，電流は銅より軽いアルミ線に流すようにしている．もちろん，要求される機械強度，電流値によって，鋼線，アルミ線を複数本よって使用する．これら導体には当然抵抗があり，交流抵抗は表皮効果のため，直流抵抗より高くなるが，ACSR線ではその増加の割合は少ない．

基本的に導体の電気抵抗 R は（4.1.1）式で与えられる．

$$R = \rho \frac{l}{A} \tag{4.1.1}$$

ただし，ρ：導体の固有抵抗
　　　　l：導体長
　　　　A：導体断面積

また，導体抵抗は温度とともに変化し，下式の関係がある．

$$R = R_0 \{1 + \alpha(\theta - \theta_0)\} \tag{4.1.2}$$

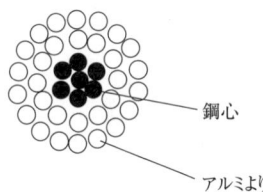

ただし，R, R_0：温度 θ, θ_0 における抵抗
　　　　α：温度係数
　　　　θ, θ_0：温度

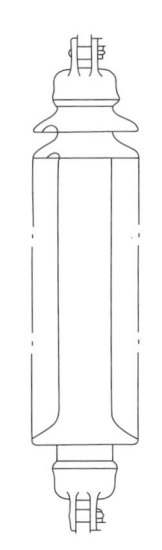

図4.1.3　長幹碍子

図4.1.4　鋼心アルミより線（ACSR）の断面図

導体が空間に設置されると，当然，対地あるいは他相の導体間にインダクタンスおよびキャパシタンスを生じる．図4.1.5，および図4.1.6を参照して，これらの算定方法を考察する．

まず，図4.1.5に示すような二本の往復平行導体の一線当たりのインダクタンス L_1 は（4.1.3）式で算定される．

$$L_1 = 0.05\mu_s + 0.4605\log_{10}\frac{D}{r} \quad (\text{mH/km}) \tag{4.1.3}$$

ただし，μ_s：導体の透磁率
　　　　D, r：導体間距離，導体半径

本式の第1項は導体の内部インダクタンスである．

三相交流送電では，当然三相三線であるが，その配列が図4.1.6（a）のように正三角形配置で，

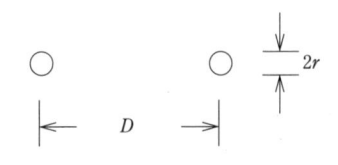

図4.1.5　平行二導体

第4章 送　電

　導体間距離がDなら，一線当たりのインダクタンスは上式で算定される．しかし実際には三相の配列が同図（b）のように非対称であり，各相不平衡となる．そこで，三相が撚架（Transposition）されるので，下式による幾何学的平均距離Dを使用して，(4.1.3)式に代入する．

$$D = \sqrt[3]{D_{ab}D_{bc}D_{ca}} \tag{4.1.4}$$

　ただし，D_{ab}，D_{bc}，D_{ca}は各々，ab，bc，caの各相間距離である．

　概数として，送電線一線当たりのインダクタンスは 1.0mH/km 程度である．

　これが次節で扱う対称座標法での正相あるいは逆相インダクタンスである．

　送電線の地絡時など，大地が電流通路（帰路）になると，インダクタンスは大幅に変わる．もし，大地の導電率が無限大なら大地内電流は地表面に集中する．この場合，導体の地上高をhとして，(4.1.3)式のDを$2h$とすればよい．しかし，大地の導電率は有限で，商用周波の場合，土壌深くまで電流が流れる．したがって，(4.1.3)式において，土壌深さHに電線の像を想定し，$D=h+H$として，算定する．Hは土壌により数百mにもなる．（図4.1.7 参照）

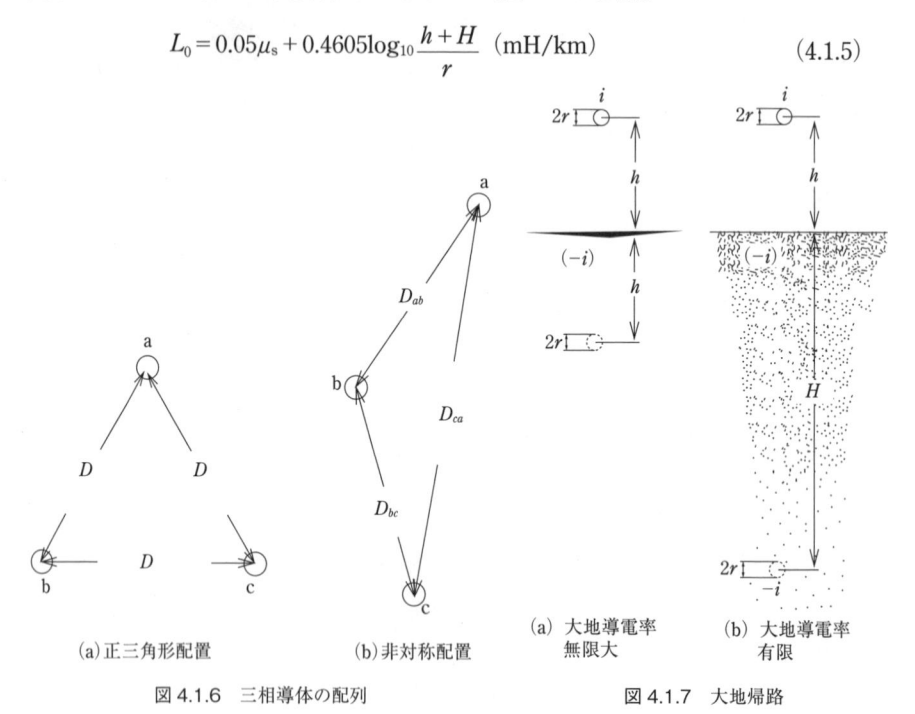

$$L_0 = 0.05\mu_s + 0.4605\log_{10}\frac{h+H}{r} \quad \text{(mH/km)} \tag{4.1.5}$$

(a) 正三角形配置　　　(b) 非対称配置

図 4.1.6　三相導体の配列

(a) 大地導電率無限大　　(b) 大地導電率有限

図 4.1.7　大地帰路

4.1 線　路

　これが対象座標法での，一回線での一線当たりの零相インダクタンスで，概数として，4mH/km程度である．

　次に，静電容量は次のようにして算出できる．すでに示した図4.1.5のような，二本の往復平行導体間の一線当たりの静電容量 C は下式で計算される．

$$C_1 = \frac{0.02416}{\log_{10}\dfrac{D}{r}} \;(\mu\text{F/km}) \quad (4.1.6)$$

　三相交流送電線では，インダクタンスのときと同様に，(4.1.4) 式で定義される幾何学的平均距離 D を求め，(4.1.6) 式に代入する．

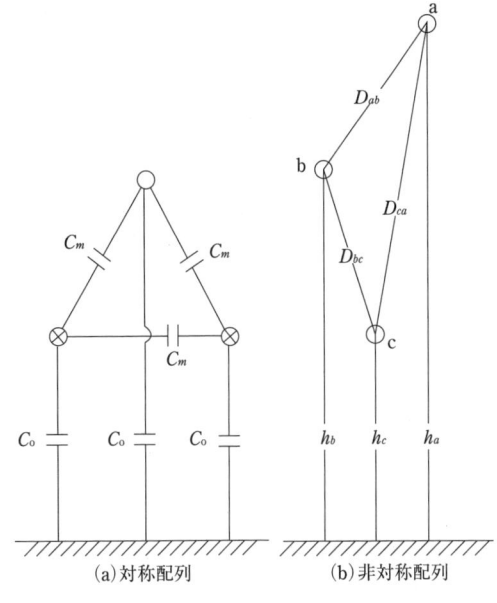

(a) 対称配列　　(b) 非対称配列

図 4.1.8　三相導体の部分静電容量

これが次節で扱う対称座標法での一回線線路の正相あるいは逆相キャパシタンスで，10nF/km 程度である．

　次に，大地の影響を考察してみよう．図 4.1.8 (a) のように完全撚架されているとして，導体間の部分静電容量 C_m と導体大地間の部分静電容量 C_0 とを分離して考えると，前記 (4.1.6) 式の C_1 は下記のように合成される．

$$C_1 = C_0 + 3C_m \;(\mu\text{F/km}) \quad (4.1.7)$$

ただし，C_m：導体相互間の部分静電容量
　　　　C_0：導体大地間の部分静電容量

C_0 が零相キャパシタンスである．C_0，C_m は下式で表される．

$$C_0 \approx \frac{0.02416}{\log_{10}\left(\dfrac{8h^3}{rD^2}\right)} \quad (4.1.8)$$

$$C_m \approx \frac{0.02416 \log_{10}\left(\dfrac{2h}{D}\right)}{\log_{10}\left(\dfrac{D}{r}\right) \times \log_{10}\left(\dfrac{8h^3}{rD^2}\right)} \quad (4.1.9)$$

ただし，

$$D = \sqrt[3]{D_{ab}D_{bc}D_{ca}}$$
$$h = \sqrt[3]{h_a h_b h_c}$$

（図4.1.8（b）参照）

以上では三相一回線送電線を対象に考察したが，三相二回線が普通であり，架空地線もあるので，これらを考慮に入れた諸定数の算定が必要となる．詳しくは，別途専門書を参照されたい．

4.1.2　ケーブル

絶縁ケーブルは図4.1.9に示したように単心のものと三心のものがある．いずれも中央部に導体，その外周に絶縁を施した構造で，最外周には接地層と保護層とを設ける．これらは回線ごとに洞道内あるいは管路内に収められ，さらに必要に応じて冷却が行われる．前者は主に66kV以下，後者は66kV以上の送電線で用いられる．いずれの場合も，鉛やアルミによる外装内には，心線電流による電磁誘導を受けて電流が流れ，当然インダクタンスにも影響する．しかし，ここではこれらの電磁誘導を無視し，単心構造を対象に諸定数の算定法を述べる．

ケーブルの正相，逆相インダクタンスは架空線の場合と全く同様に，(4.1.3)式を適用できる．その値は架空線のおよそ $\frac{1}{3}$ 程度である．

一線当たりの零相インダクタンスは大地を考慮に入れて，下式が採用される．

$$L_0 = 3 \times 0.4605 \log_{10} \frac{D_e}{r_3} \text{ (mH/km)} \quad (4.1.10)$$

ただし，D_e：大地帰路電流の深さ（600〜2 000m）
（図4.1.7参照）

$$r_3 = \sqrt[3]{RD^2}$$

r_3：三相一括導体の幾何学的平均半径
R：導体半径
$D = \sqrt[3]{D_{ab}D_{bc}D_{ca}}$：導体間等価距離

一線当たりの正相，逆相静電容量は同軸円筒での計算法が適用される．

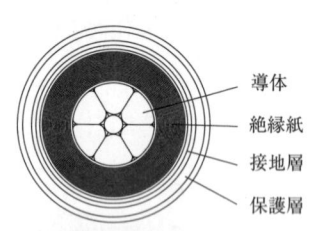

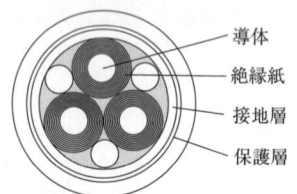

(a) 単心OFケーブル
　導体
　絶縁紙
　接地層
　保護層

(b) 三心OFケーブル
　導体
　絶縁紙
　接地層
　保護層

図4.1.9　絶縁ケーブルの断面図

$$C_1 = \frac{0.024\,\varepsilon_s}{\log_{10}\dfrac{r_1}{r}} \tag{4.1.11}$$

ただし，ε_s：絶縁層絶縁物の比誘電率
　　　　r_1：外被半径
　　　　r ：導体半径

単心ケーブルでは相ごとに独立であるから，零相静電容量も正相，逆相と全く同じである．

$$C_0 = C_1 = C_2 \tag{4.1.12}$$

4.1.3 送電線回路の扱い

前節で紹介した線路の回路定数を用いて，回路図を描けば，図 4.1.10 のような分布定数回路となる．しかし，計算対象によって回路の単純化を行い，短距離，中距離線路の場合，図 4.1.11 (a), (b) のようにして，回路計算を行う．

(1) 短・中距離線路の場合

一般に線路の抵抗は小さいので，線路のリアクタスのみを考慮に入れて，伝達される電力 G を計算する．両端母線の電圧を Vs，Vr とすると

$$G = P + jQ = Vr Ir^{*} \tag{4.1.13}$$

ここで，Ir^{*} は Ir の共役値であり，$Vr Ir^{*}$ の算定によって得られる遅れ無効電力は正の値，進み無効電力は負の値となることに留意する必要がある．

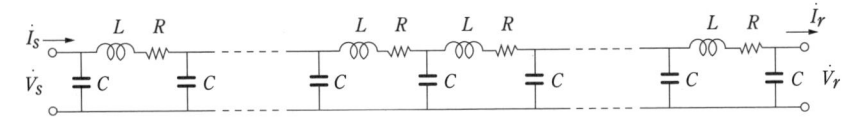

図 4.1.10　分布定数回路

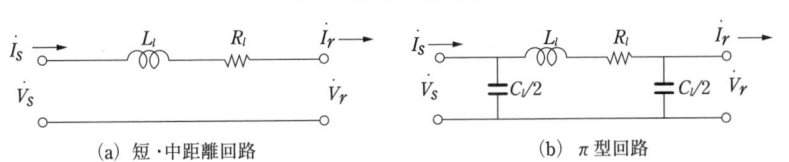

(a) 短・中距離回路　　　(b) π 型回路

図 4.1.11　送電線回路の取り扱い

$$Vs = Vs \exp(j\theta s) \tag{4.1.14}$$

$$Vr = Vr \exp(j\theta r)$$

とすると，

$$I = \frac{Vs - Vr}{R - jX}$$

$$P = \frac{VsVr}{x}\sin(\theta s - \theta r) \tag{4.1.15}$$

$$\approx \frac{VsVr}{x}\delta$$

$$Q = \frac{VsVr}{x}\cos(\theta s - \theta r) - \frac{Vr^2}{x} \tag{4.1.16}$$

$$\approx Vr(Vs - Vr)$$

ただし，$\delta = (\theta s - \theta r)$ とし，δ が小さい領域とする．
$\delta = (\theta s - \theta r)$ は，送受電端間の相差角であり，負荷角といわれる．
次節で扱う系統運用に関係する重要な事柄がここに示されている．
① 有効電力は送受電端間の相差角に従って流れる．すなわち，負荷が増えた場合，送電端側発電機に供給される外部エネルギーを増やし，位相を進めるように操作することになる．
② 無効電力は送受電端間の電圧差によって供給される．また，受電端負荷の力率が悪いと送受電端間の電圧降下が大きくなる．

(2) 長距離線路の場合

本来の分布定数回路として扱う必要がある．
すなわち，図 4.1.10 を参照して，

$$\frac{de}{dx} = -iz$$

$$\frac{di}{dx} = -ey \tag{4.1.17}$$

ただし，$z = R + j\omega L$
　　　　$y = j\omega C$
上式を x で微分し，組み合わせると，

$$\frac{d^2e}{dx^2} = ezy \tag{4.1.18}$$

$$\frac{d^2i}{dx^2} = izy$$

この方程式の解は下式である．

$$\begin{aligned} e &= Es\cosh\gamma x - Z_0 Is\sinh\gamma x \\ i &= -\left(\frac{Es}{Z_0}\right)\sinh\gamma x + Is\cosh\gamma x \end{aligned} \tag{4.1.19}$$

ただし，$Z_0 = \sqrt{\dfrac{z}{y}}$ ：サージインピーダンス（特性インピーダンス）

$\gamma = \sqrt{zy} = \alpha + j\beta$ ：伝搬定数

α：減衰定数，β：伝搬速度

(4.1.19) 式より線路上各点の電圧電流の算定ができる．

架空線路は抵抗が少ないので，これを無視すると，代表値として下記の値が得られる．

$$Z_0 = 400\,\Omega$$

$$\gamma = j\omega\sqrt{LC},\quad v = \frac{1}{\sqrt{LC}} = 300\,\text{m}/\mu\text{s} \quad (\text{光速})$$

すなわち，線路の伝搬速度 v は光速に等しいという結果である．

4.1.4　系統図の表し方

　電力供給回路は既述のように通常三相である．しかし，系統図を描くときは単線で描く．これを単線結線図という．

　これまで送電線路を対象に考えてきたが，これらの送電線は変圧器を介して電圧階級の異なる線路へ接続される．もし，変圧器の高低圧間の電圧比を n とした場合，電流比は $\dfrac{1}{n}$ である．したがって，低圧側回路のインピーダンス（Ω）を高圧側に換算するには，n^2 倍する必要がある．高低圧どちらで計算を進めるかによって，インピーダンス値をどちらかに換算する必要を生じ，誠に不便である．

　そこで，ある基準とすべき三相容量，電圧を選定すると，基準電流，基準インピーダンスは下式のようになる．

第4章 送　電

$$\text{基準電流(A)} = \frac{\text{基準三相容量(kVA)}}{\sqrt{3}\,\text{基準線間電圧(kV)}}$$

$$\text{基準インピーダンス}(\Omega) = \frac{[\text{基準線間電圧(kV)}]^2}{\text{基準三相容量(kVA)}}$$

このインピーダンスを基準として，線路上各所のインピーダンスを％で表示し，これをパーセントインピーダンス（％IZ）と呼ぶ．このようにすれば，基準容量を同一にする限り，％IZ は高低圧回路のどちらにあっても等しくなるので，回路計算に便利となる．また，基準値が異なる場合の％インピーダンスの換算は次式である．

$$Z_{new} = Z_{old} \times \frac{\left(\dfrac{\text{旧基準電圧}}{\text{新基準電圧}}\right)^2}{\left(\dfrac{\text{旧基準容量}}{\text{新基準容量}}\right)} \tag{4.1.20}$$

簡単な電力システムの例について，例題によってインピーダンス線図を描いてみよう．

（例題）図4.1.11（a）（P.145）のような簡単な線路システムを構成されるシステムの各要素の諸定数を下記として，1 000MVA － 250kW 基準のインピーダンス線図を作る．

① 発電機　　750MVA － 11kV,　$x_d'' = 0.25$
② 変圧器　　800MVA － 11/275kV,　$x_t = 0.15$
③ 線路　　ACSR　250kV － 100km　$L_l = 1\text{mH/km}$,　$C_l = 0.01\,\mu\text{F/km}$

1 000MVA － 250kV に換算して（基準電流 $\dfrac{4}{\sqrt{3}}$ kA, 基準インピーダンス 62.5 Ω）

① 発電機　　$0.25 \times \left(\dfrac{275}{250}\right)^2 \times \dfrac{1\,000}{750} = 0.403$

② 変圧器　　$0.15 \times \left(\dfrac{275}{250}\right)^2 \times \dfrac{1\,000}{800} = 0.227$

③ 線路リアクタンス　　$L_l = \dfrac{1 \times 10^{-3} \times 100\text{km} \times 314 \times 400\text{A}/\sqrt{3}}{250 \times 10^3 / \sqrt{3}} = 0.502$

④ 線路キャパシタンス　　$C_l = \dfrac{0.01 \times 100\text{km} \times 314 \times 250 \times 10^3 / \sqrt{3}}{4\,000 / \sqrt{3}} = 0.0196$

線路キャパシタンス C_l を線路の両端に半分ずつ設置すると(b)図のようになる．

4.2　系統運用

　今日の電力供給回路は極めて複雑である．すなわち，数多くの発電所から遠近さまざまな，無数ともいえる需要家へ電力が供給されている．その間，供給電力の質を確保せねばならない．このためには，下記のような事項が要求される．
① 一定の周波数
　周波数が変動すれば，電動機の回転速度が変動するので，各種産業用機械の運転上，支障をきたす．
② 一定の電圧
　電圧が変動すれば，回転機の駆動力は電圧の2乗に比例するので，回転機の駆動力に大きな影響を与えるのはもちろんである．各種照明装置が発する明るさにも大きな影響を与える．
③ 無停電と電力の経済性
　不意打ちの停電は場合により，電解槽など各種産業設備に莫大な損失を与える可能性が高いので，絶対避けねばならない．加えて，電力の経済性は重要であるので，送電損失の軽減と燃料費の低減を図りながら発電し，給電しなければならない．
　また，停電事故につながるような故障は早く検出し，故障区分を除去し，迂回送電するなどの処置を取らねばならない．

4.2.1　周波数制御

　現在，使用される発電機は多くの場合，水力や蒸気の機械的あるいは熱的エネルギーを受けて，電気に変える回転型発電機である．この種の機械の力学的運動方程式は下式で表される．

$$Tm = J\frac{d\omega}{dt} + Te \tag{4.2.1}$$

　ただし，Tm：外部から注入される機械的入力トルク
　　　　　Te：発生する電気的出力トルク

第 4 章　送　　電

　　　J：慣性モーメント
　　　ω：回転機の回転角速度

通常，電気系統を扱う場合には，上記トルク（Nm）に代えて，電力（W）の単位で扱う．

すなわち，

$$Pm = \omega J \frac{d\omega}{dt} + Pe \tag{4.2.1}'$$

ただし，$Pm = \omega Tm$，$Pe = \omega Te$

電気的出力の周波数 f は，回転機の極数を P とすれば，

$$\omega = \frac{2\pi f}{P} \tag{4.2.2}$$

もし，この発電機の電気的負荷が増えたとしよう．発電機は機械的入力を増やして，平衡を保とうとする．その操作は，蒸気機関を発明したワットが採用した図 4.2.1 のような調速機で行われる．すなわち，発電機の負荷が増大して回転数が減少すると，調速機の二つの回転球は上方へ上がる．これにつれて，バルブの開きが増大され，機械的入力が増加する．負荷が軽減して回転数が増加した場合は，上記と逆の動きとなる．この模様を発電機の負荷対周波数の関係で図示すると，図 4.2.2 のようになる．すなわち，負荷の増加に対応して機械的入力は増えるが，電気出力の周波数は若干落ちた状態で平衡する．したがって，系統の周波

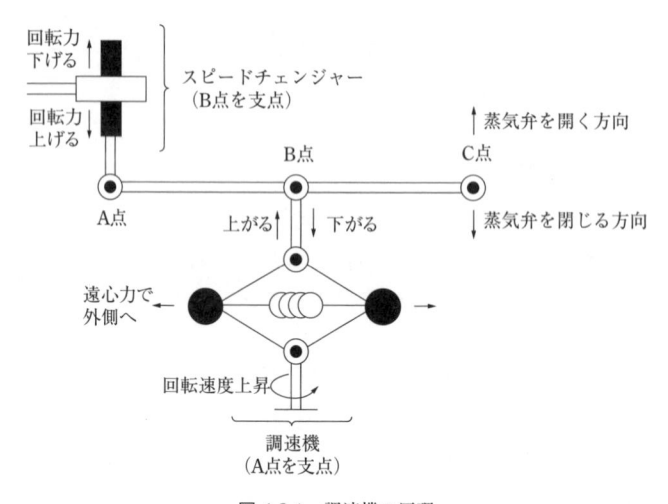

図 4.2.1　調速機の原理

数を一定値に保つためには，系統の周波数の変化を検知し，調速機のスピードチェンジャー（Speed Changer）によって，上図の出力対速度（周波数）特性を平行移動させることになる．このようにして，系統の周波数が一定値に保たれる．

換言すれば，負荷変動は周波数変動の形で現れるので，これを検知して，スピードチェンジャーによって周波数を調整し，同時に負荷変動にも対応していることになる．通常，周波数変動は 0.1Hz 程度に抑えている．

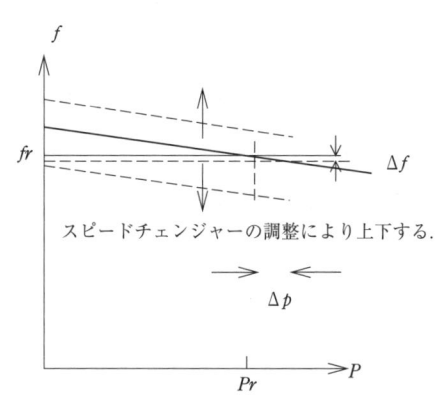

図 4.2.2　有効電力 – 速度（周波数）特性

4.2.2　電圧制御

発電機にはその端子電圧を一定に保持するための自動電圧調整装置が備えられており，界磁電流を調整している．しかし，力率の悪い電流が送電線を流れると，回路のリアクタンスによって大きな電圧降下を生じ，その分が抵抗損失ともなる．したがって，負荷の力率が悪い場合は，送電端で電圧降下分を上げてもあまり得策とはならない．

受電端（負荷端）での一定電圧確保のためには，負荷端において，コンデンサ，SVC（静止型無効電力補償装置）や同期調相機などの力率改善策を実施するのが第一義的対策である．近時の都心内ケーブル系統では，深夜軽負荷となると進み電流が増えるので，分路リアクトルも設置される．さらに，第二の対策として，負荷端近傍の変電所には，負荷時自動電圧調整装置なども採用される．

遅れ電力対受電端端子電圧との関係を図 4.2.3 に示す．これは次項で述べる (4.2.4) 式を図示したものである．

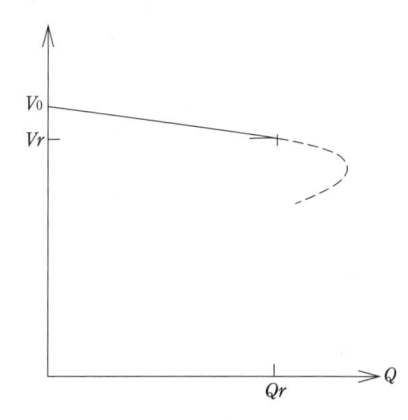

図 4.2.3　遅れ電力 – 受電端端子電圧特性

4.2.3 負荷限界

現在使用されている発電機の大半は同期発電機である．その中には水車発電機用の突極機と火力発電機用の非突極機（円筒型回転子）とがあるが，解析的にはやや簡単な，非突極機を対象に負荷限界と安定性について考察する．

三相同期発電機の抵抗分を無視して，一相分のベクトル図を描けば，図 4.2.4 に示すようになる．端子相電圧と出力電流との位相差は ϕ である．内部誘起相電圧 E と端子相電圧との位相差 δ を内部相差角，あるいは負荷角という．

図からわかるように，ベクトル間には次のような関係がある．

$$V + ix_s \sin\phi = E\cos\delta$$
$$ix_s \cos\phi = E\sin\delta$$

ただし，i, x_s：負荷電流，同期リアクタンス

上記を利用して，発電機の三相有効，無効電力を計算すると，

$$P = 3Vi\cos\phi = 3\left(\frac{VE}{x_s}\right)\sin\delta \tag{4.2.3}$$

$$Q = 3Vi\sin\phi = 3\left[\left(\frac{VE}{x_s}\right)\cos\delta - \frac{V^2}{x_s}\right] \tag{4.2.4}$$

上記二式を V は一定として，$E = 1.0V$，$1.1V$，$1.2V$ に仮定して，P，Q の概念図を描くと図 4.2.5 のようになる．すなわち，発電機の有効出力 P は負荷角 δ とともに正弦波状に変化し，負荷角 $\delta = 90°$ になると運転できなくなる．これが極限電力で，定態安定限界という．非突極機では $\delta = 60\sim70°$ である．

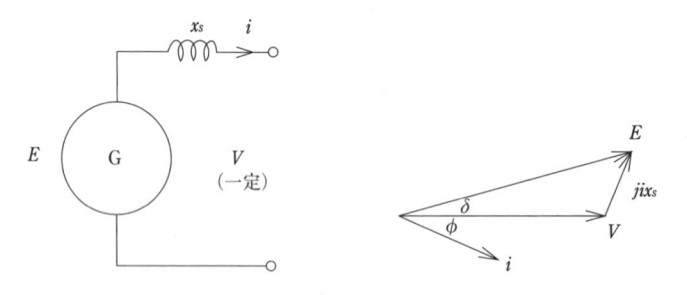

図 4.2.4　発電機のベクトル図（一相分のみ，ただし抵抗分を無視）

ただし，実際には，後述のような系統異常時のことを考慮に入れると，$\delta = 30°$程度が正常時の運転限界となる．

他方，無効電力 Q は同図に示すように余弦波状に変化する．負荷角 δ が比較的小さい範囲では，あまり大きな変化はない．したがって，発電機の無効電力を増やすには界磁電流を増やして，内部誘起電圧の上昇を図ることになる．

上記では準静的な負荷の変動を考えたが，負荷が急変する場合，回転体の慣性のため，新しい負荷角に直ちに落ち着くことができず，その間過渡的な振動が生じる．最悪の場合は，過渡的な振動が収束せず発散して，「同期はずれ」となることもある．このような極限を過渡安定限界電力という．

図 4.2.6 (a) のような平行二回線路の一方で地絡事故が発生し，そのため事故回線を開路し除去した場合，発電機の負荷角がどのように振舞うかを，図解的にその模様を (b) に説明している．

ここで，系統に併入されている発電機があって，これがどのように負荷を背負うかを考えておこう．最も代表的に，当該機が無限大母線に投入されたとしよう．もちろん，当該の発電機が他機の電圧，相回転，周波数が等しくなっていることは前提条件である．

なお，無限大母線とはどれだけ多くの有効負荷を供給しても周波数変動がなく，また，どれだけ多くの無効負荷を供給しても電圧変動のない電源をいう．

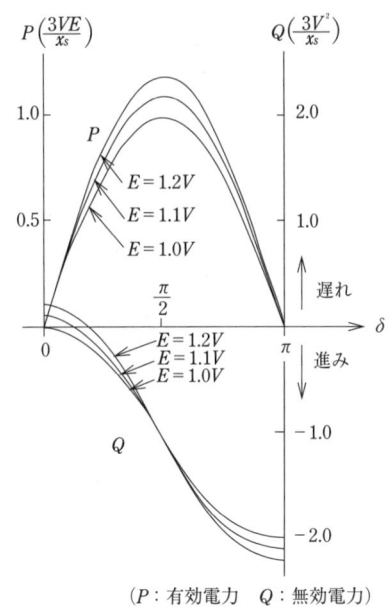

図 4.2.5 発電機の出力特性
(P：有効電力　Q：無効電力)

第4章 送　電

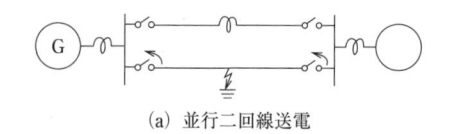

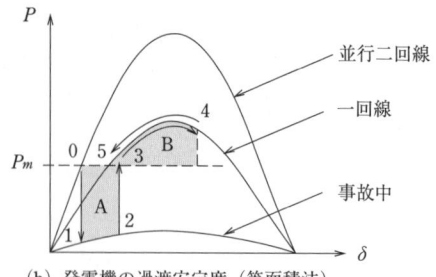

(a) 並行二回線送電

(b) 発電機の過渡安定度（等面積法）

0：二回線送電中の安定点
　　発電機への機械的入力P_mと電気的出力P_eが平衡
1：事故直後P_eが低下
2：$P_m>P_e$のため加速し、δは大きくなる
　　この間発電機へ注入される機械的エネルギーA
3：事故回線除去により発電機出力上昇
4：慣性のためδは上昇
　　この間、発電機出力は機械入力を上回り機械的エネルギーBを放出
5：新しい平衡点
　　この間、5を中心にδは振動する

図 4.2.6　一回線地絡事故時の負荷角の振動

図 4.2.7 (a) (b) のように，当該機の有効電力対周波数曲線，無効電力対電圧曲線を第1象限に描き，同図の第2象限横軸左方を正方向にして，無限大母線の有効，無効電力を水平線で描く．

今，負荷 P_l+jQ_l があるとき，並入された発電機の運転条件 G_i, F_i ($i=1, 2, 3,$ ………)によって，並入された発電機の分担する有効，無効電力 P_i, Q_i は両図で，系統の周波数，電圧と一致する X_i, Y_i 点で運転が成立する．すなわち，無限大母線から負荷分担 P_{inf}, Q_{inf} と並入された発電機の P_{Gi}, Q_G との和が全負荷の要求を満足させることとなる．すなわち，

$$P_l = P_{inf} + P_{Gi}, \quad Q_l = Q_{inf} + Q_{Gi}$$

4.2 系統運用

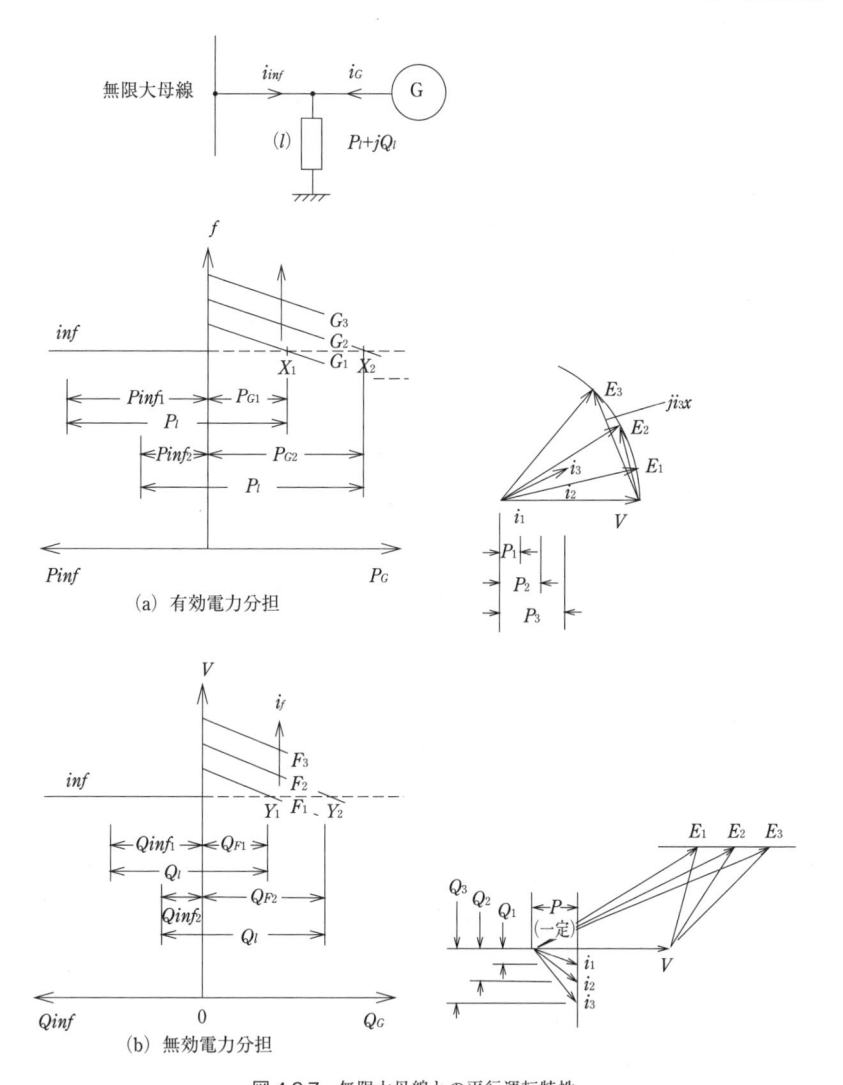

図 4.2.7 無限大母線との平行運転特性

4.2.4 潮流計算

今日の電力供給回路は極めて複雑である．極めて多くの発電所と無数ともいえる需要家とが，遠近さまざまな形でつながっている．しかも需要家の電力需要は

時々刻々変化している．このような条件下で，電力が系統内のどこを流れて行くかを充分把握しておく必要がある．いわゆる潮流計算といわれる作業が重要となる．

　それができて初めて，どこの火力発電所で需要増加に見合う発電量を賄うか，また同じ発電所内の何号機で賄うかなど，送電線路での抵抗損失を最小限にできるように発電所の選定を行うことができるようになる．さらに，全体の燃料費を最小限化することを考慮することも必要となる．

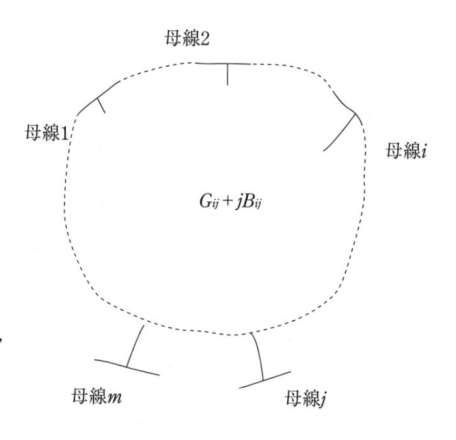

　本節では，潮流計算法の基本的な取り扱い方法を述べ，次節の経済的運用のための作業につなげる．

G_{ij}：母線 i, j 間のコンダクタンス
B_{ij}：母線 i, j 間のサセプタンス

図 4.2.8　電力供給回路網

　発電所端子からは回路網へ電力が流入し，負荷端子からは電力が流出する．両者合わせて，m 個の端子がある図 4.2.8 のような回路網を考えよう．

　このような端子を母線と呼んでいる．また，この回路図では，前述のインピーダンス Z に代えて，アドミッタンス Y で与えられている．この間の変換は容易にできるが，ここではその手法説明を割愛する．

　このような回路網の各母線の電圧 V_i, 母線から流出入する電流 I_i は，下式のようなアドミッタンス行列によって関係づけられる．

$$[I] = [Y][V] \tag{4.2.5}$$

$$Y_{ij} = G_{ij} + jB_{ij} \tag{4.2.6}$$

ただし，$i, j = 1, 2, \cdots\cdots m$
　　　$[Y]$：アドミッタンス行列
　　　G_{ij}：母線 i, j 間のコンダクタンス（実数部）
　　　B_{ij}：母線 i, j 間のサセプタンス　（虚数部）

$$[I] = \begin{matrix} i_1 \\ i_2 \\ \vdots \\ i_m \end{matrix} \quad , \quad [V] = \begin{matrix} V_1 \\ V_2 \\ \vdots \\ V_m \end{matrix} \quad , \quad [Y] = \begin{matrix} Y_{11} \cdots\cdots\cdots\cdots Y_{1m} \\ Y_{21} \cdots\cdots\cdots\cdots Y_{2m} \\ \vdots \\ Y_{m1} \cdots\cdots\cdots\cdots Y_{mm} \end{matrix}$$

もし，各母線の電圧と位相が次式（4.2.7）のように与えられるなら，

$$\dot{V}_i = V_i \exp(j\theta_i) \tag{4.2.7}$$

文字上部の・すなわち $\dot{V}_i$ はベクトルを，V_i は単に大きさを表す．

（4.2.5）式から各母線への流出入電流は次式で与えられる．

$$I_i = \sum_k Y_{ik} V_k \tag{4.2.8}$$

これらの電圧電流を用いて，各母線に流出入する電力は下式で計算される．

$$S_i^* = P_i - Q_i = V_i^* i_i = V_i^* \sum_{j=1}^{m} Y_{ij} V_j = V_i^* [Y_{ii} V_i + \sum_{j=1, j=i}^{m} Y_{ij} V_j] \tag{4.2.9}$$

ただし，右肩上の * は共役値を表す．
上式から

$$V_i = \frac{1}{Y_{ii}} \left[\left(\frac{P_i - jQ_i}{V_i^*}\right) - \sum_{j=1, j=i}^{m} Y_{ij} V_j \right] \tag{4.2.10}$$

$$i = 1, 2, \cdots\cdots m$$

なお，P_i, Q_i は下記のように表される．

$$P_i = G_{ii} V_i^2 + \sum_{j=1}^{m} [G_{ij} V_i V_j \cos(\theta_i - \theta_j) + B_{ij} V_i V_j \sin(\theta_i - \theta_j)] \tag{4.2.11}$$

$$Q_i = -B_{ii} V_i^2 \sum_{j=1}^{m} [G_{ij} V_i V_j \cos(\theta_i - \theta_j) - B_{ij} V_i V_j \sin(\theta_i - \theta_j)] \tag{4.2.12}$$

このように，各母線に流出入する有効，無効電力は，各母線の電圧の大きさと位相とアドミッタンス行列とから求められる．このような計算を電力潮流計算と呼んでいる．換言すれば（4.2.11），（4.2.12）式は 2m 個の式で，各母線の有効，無効電力 P_i, Q_i と各母線の電圧 V_i，位相 θ_i，合計 4m 個の変数の関係を表したも

のである．したがって，4m 個の変数のうち 2m 個の変数が与えられれば，残り 2m 個の値は (4.2.11)，(4.2.12) 式から算定できることになる．通常 2m 個の変数として，下記のようなものを最初に与えて，ほかの 2m 個の変数を数値的に解いて行く．

① 負荷母線では，P_i，Q_i がわかっているので，これを与える．
② 発電所母線では，P_i，V_i を与える．
③ 位相角 θ_i については，大容量発電所の母線（Slacks 母線という）の位相を $\theta_i=0$ にし，これを基準にして他母線の位相を表す．

結局，(4.2.11)，(4.2.12) 式は 2m 個の解を求める非線形連立方程式であって，数値解法として，Gauss-Seidel 法や Newton-Raphson 法など各種の方法がある．

Gauss-Seidel 法では，(4.2.10) 式が $y=f(x)$ の形の方程式であるから，N 回の繰り返しによって得られた母線 i の電圧を V_i^N と表示すれば，(4.2.10) 式を再利用して，下式のように，V_i^{N+1} を計算し修正値とする．

$$V_i^{N+1} = \frac{1}{Y_{ii}}\left[\frac{P_i - jQ_i}{V_{i,}^N} - \sum_{j=1, j=i}^{m} Y_{ij} V_j\right]^N \tag{4.2.10}'$$

本計算時，発電所に対しては，無効電力は指定されず，母線電圧 V_i が指定されるから，下式によって発電所の無効電力を算定し，(4.2.10)′式の Q_i として使用し，V_i の算定に役立てる．

$$Q_i^N = -Im\left[V_i^{*\ N} \sum_{i=1}^{m} Y_{ij} V_j^N\right] \tag{4.2.13}$$

ただし，Im：虚数部
また，発電所母線電圧の大きさ V は指定されているが，Slacks 母線以外の母線電圧位相角は刻々次式によって修正する．

$$Vi,\ \text{new}^{N+1} = Vi,\ \text{old} / |V,\ \text{old}^{N+1}| \tag{4.2.14}$$

別途，各種算定法が使用される．別途専門書を参照されたい．

4.2.5　経済的運用

上記潮流計算と同様に，重要な系統の経済運用に関する二，三の重要な事柄を述べる．

現在，我が国の発電様式をみると，火力，原子力，水力の比がおよそ 60：20：20 である．

これらの各種発電方式には各々の特徴があり，これを生かした運転をしないと，需要と供給とをマッチさせた経済的運用とならない．端的にいえば，電力料金に直結する極めて重要な問題である．

① 昔から馴染みの深い水力発電は，日本では開発し尽くされ，今日では供給主力としての役割は減少した．しかし，起動時間が短いので，機動性に優れ，尖頭負荷に直ちに応答できる俊敏性を持っている．したがって，機動性に必ずしも優れない原子力発電と呼応して，尖頭負荷の消化に有効に利用されている．特に深夜に電力をためる揚水発電方式が有用である．

　なお，水力発電は降雨量に左右されるし，さらに，取水量の制限，水位によって発電量が異なるので，運用上幾多の配慮を必要とする．

② 石炭，石油，LNG などの燃料をボイラーで燃やして，高温高圧の水蒸気を作り，蒸気タービンを回し，発電機に回転力を与えるいわゆるタービン発電機が火力発電の主役である．現状日本では，大半がこの方式に頼っている．したがって，定常的な日々のあるいは季節的な負荷変化に対応して，どこの発電機をあるいは何台の発電機を運転するかなどの計画を立てる際の主対象となる．

　なお，ボイラーで燃えた熱ガスをそのままガスタービンに送り込み，まず発電させ，次いでその排ガスを再び熱して蒸気を作り，従来の蒸気タービンによる発電も行う，いわゆる複合発電，コンバインドサイクル（Combined Cycle，CC 発電）も普及しつつある．

③ 原子力発電は起動停止に時間がかかるので，定期点検の周期内では，定格容量一杯で，長時間運転するのが安定で最善とされている．

　したがって，日々の尖頭負荷は，前述の揚水発電で補うとすれば，夜間は逆に余剰電力を生じることになる．すなわち，夜間の余剰電力を使って，発電機を電動機として運転し，水を下池から上池を持ち上げ，翌日昼間の尖頭負荷時には上池の水を使って，発電する仕組みである．

詳細は第 2 章の各発電方式の節を参照のこと．

このような各種発電方式の特徴に基づいて，運用上の幾多の問題が生じる．

第4章 送　電

以下，若干の例題とともに，経済運用上の考慮点を述べる．

火力発電機の運転費用すなわち，燃料費 F は概して出力 P の二次式で表される．

$$F(P) = aP^2 + bP + c \tag{4.2.15}$$

したがって，容量がさまざまな複数台の発電機 N 台があって，各発電機の出力を P_i，燃料費を $F_i(P_i)$ とすると，総出力 P_L を一定の元に，総燃料費 F を最小にするように，各機の出力 P_i を求めることは大きな一課題となる．すなわち，各機の出力許容範囲を見定めつつ，全燃料費 F_i が最小となる各機分担の P_i を求める課題となる．

$$P_L = \Sigma P_i \tag{4.2.16}$$
$$P_{i\,min} < P_i < P_{i\,max} \quad i = 1, \cdots\cdots, N \tag{4.2.17}$$
$$F_L = \Sigma F_i(P_i) \tag{4.2.18}$$

ただし，$P_{i\,min}$，$P_{i\,max}$：機番 i 号機に許容される最小，最大出力

これは，一般に Lagrange の未定係数法により解くことができる．未定係数を λ として，次式を満足するような発電機の出力配分が最適な出力配分となることが数学的に証明されている．

$$\lambda = \frac{dF_1}{dP_1} = \frac{dF_2}{dP_2} = \cdots\cdots = \frac{dF_n}{dP_n} \tag{4.2.19}$$

この式の意味は，各機の燃料増分費が等しいときに最も経済的な出力配分が可能になることで，「等増分燃料費の原則」と呼ばれている．以下例題で説明しよう．

（例1）3台の火力発電機で負荷へ電力を供給している．増分燃料費が下式で与えられている．系統負荷が 750kW のとき，各機の出力配分を求めてみよう．

$$\frac{dF_1}{dP_1} = 30P_1 + 2\,000 \quad 円/MWh \qquad 100 < P_1 < 200 \text{ MW}$$

$$\frac{dF_2}{dP_2} = 20P_2 + 2\,000 \quad 円/MWh \qquad 100 < P_2 < 300 \text{ MW}$$

$$\frac{dF_3}{dP_3} = 10P_3 + 2\,000 \quad 円/MWh \qquad 200 < P_3 < 500 \text{ MW}$$

（解）等増分燃料費の原則（4.2.19）式により，下式を満足しなければならない．

$$\lambda = 30P_1 + 2\,000 = 20P_2 + 2\,000 = 10P_3 + 2\,000$$

したがって，$P_1 = \dfrac{\lambda - 2\,000}{30}$, $P_2 = \dfrac{\lambda - 2\,000}{20}$, $P_3 = \dfrac{\lambda - 2\,000}{10}$

他方，　　　$P_L = P_1 + P_2 + P_3$

上記 4 式から　$\lambda = 6\,091$　円/MWh

ゆえに，　　　$P_1 = 136$ MW，$P_2 = 205$ MW，$P_3 = 409$ MW

実務上は，送電線で発生する抵抗損をも考慮に入れて，上記問題を解くこと，火力と水力とを併用する場合の最適運転解を求めることなどが課題となる．

さらに，上例と同様な問題として，負荷に対応して，並列運転するべき発電機台数の問題に触れよう．発電機に限らず，変圧器でも，負荷に見合うように何台を並列にするのが最も経済的かという問題が生じる．これらは数学的には非線形数理計画法の範疇の問題で，Dynamic Programming 法，Linear Programming 法が利用される．

以下例題で説明する．

（例2）3 台の発電機がある．各機の出力対燃料費は下表のように与えられている．総出力 $P_L = 190$ MW に至るまでの経済的な負荷配分を求めよう．
ただし，負荷は 10 MW 飛びの離散的な値のみとする．

燃料費特性

1号機		2号機		3号機	
P_1 (MW)	F_1 (万円/h)	P_2	$F_2\,(P_2)$	P_3	$F_3\,(P_3)$
10	10	30	35	60	50
20	15	40	39.5	70	55.0
30	21	50	44.5	80	60.5
		60	50.0	90	66.5
		70	56.0	100	73.0

（解）最小燃料となるような各機の出力組合せのみを下記表にまとめた．

P_L	P_1 (MW)	P_2 (MW)	P_3 (MW)	F_L (全燃料費)
10	10	0	0	10+0+0
20	20	0	0	15+0+0
30	30	0	0	21+0+0
40	0	40	0	0+39.5+0
50	0	50	0	0+44.5+0

第4章 送　電

60	0	60	0	0 + 50 + 0
70	0	70	0	0 + 56 + 0
80	0	0	80	0 + 0 + 60.5
90	0	0	90	0 + 0 + 66.5
100	0	0	100	0 + 0 + 73
110	30	0	80	21 + 0 + 60.6
120	30	0	90	21 + 0 + 66.5
130	30	0	100	21 + 0 + 73
140	0	60	80	0 + 50 + 60.5
150	0	70/60	80/90	0 + 56/50 + 60.5/66.5
160	0	70	90	0 + 56 + 66.5
170	0	70	100	0 + 56 + 73
180	20	60	100	15 + 56 + 66.5
190	30	70	90	21 + 56 + 66.5

上表中出力0は停止を意味する.

次に，変圧器の並列運転台数について，以下の例題で考えてみよう.

(例3) 3台の変圧器がある．その特性は下記のようである.
負荷300〜1 000MVAに対する並列組み合わせを検討しよう.
ただし，負荷は10MVAの離散的な負荷のみとする.
T1，T2：各300MVA，鉄損：60kW，銅損：120kW，%I_z = 10
T3　　：600MVA，鉄損：80kW，銅損：220kW，%I_z = 10
(解) 検討の結果選ばれた最小損失の組合せのみを下記表にまとめた．なお，すべての変圧器の%インピーダンスI_zが等しいので，全負荷電流は変圧器容量に比例して分流する.

P_L	T 1	T 2	T 3	L T（全損失）kW
300	解列	解列	運転	135
400	解列	解列	運転	178
500	解列	解列	運転	233
600	並列	解列	並列	113 + 0 + 178
700	並列	解列	並列	132 + 0 + 213
800	並列	並列	並列	113 + 113 + 178
900	並列	並列	並列	127.5 + 127.5 + 204
1000	並列	並列	並列	143 + 143 + 233

4.3 系統の事故と検出, 保護

発電機を含めて,各種電力機器と送電線路とで構成されるシステム内で発生する故障は下記の三種類である.
① 三相短絡
② 一相あるいは二相接地あるいは短絡
③ 一相あるいは二相断線

三相短絡故障は平衡状態のままであるから,故障短絡電流の計算は単相計算が可能である.ほかの事故のときは計算方法として,通常,対称座標法を使用する.

三相不平衡故障の場合,本書では対称座標法にしたがって故障電流の算定法を述べるが,そのほか,色々な方法が考案されている.

取り分け三相短絡電流はその値も最大で,遮断器の遮断容量決定,各種直列機器および線路の熱的機械的強度を決定する重要なものである.

万一,このような事故が系統に発生した場合には,いち早くこれを検出し,保護する方法を備えなければならない.これらの問題もここで扱う.

対称座標法:
不平衡故障の問題を扱うためのお膳立てとして,対称座標法を簡単に述べる.
単的にいえば,これは一種の座標変換である.三相の電圧電流を下記のように変換する.

$$\begin{pmatrix} V_a \\ V_b \\ V_c \end{pmatrix} = \begin{pmatrix} 1 & 1 & 1 \\ 1 & a^2 & a \\ 1 & a & a^2 \end{pmatrix} \begin{pmatrix} V_0 \\ V_1 \\ V_2 \end{pmatrix} \quad (4.3.1)$$

ただし, $a = e^{j2\pi/3} = -0.5 + j\,0.866$, $a^2 = e^{j4\pi/3} = -0.5 - j\,0.866$
$1 + a + a^2 = 0$

逆変換は

$$\begin{pmatrix} V_0 \\ V_1 \\ V_2 \end{pmatrix} = \frac{1}{3} \begin{pmatrix} 1 & 1 & 1 \\ 1 & a & a^2 \\ 1 & a^2 & a \end{pmatrix} \begin{pmatrix} V_a \\ V_b \\ V_c \end{pmatrix} \quad (4.3.2)$$

第4章 送　電

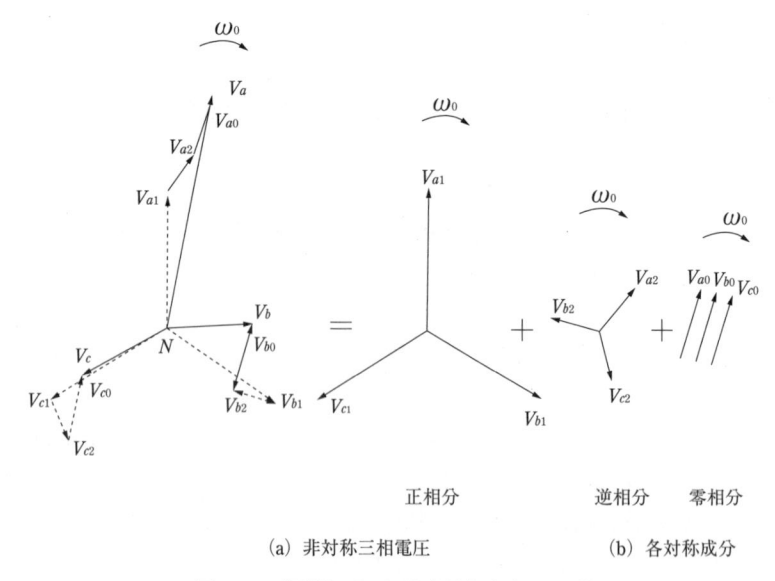

図 4.3.1　非対称三相電圧と各対称分電圧の関係

(a) 非対称三相電圧　　　(b) 各対称成分

　上記は電圧に対して記したが，電流に対しても同様な変換ができる．このような変換によって作られる三成分 $V_0, i_0 ; V_1, i_1 ; V_2, i_2$ を各々，零相，正相，逆相成分という．正相成分は元の a，b，c 相と同じ相回転成分，逆相成分は逆方向の相回転成分，零相成分は各相に同相共通のものである．具体的に図 4.3.1 (a) のような非対称電圧 V_a, V_b, V_c の対象成分 V_0, V_1, V_2 を計算すると，同図 (b) のようになる．

　同期発電機の内部誘起電圧は平衡な正相分のみで，逆相分，零相分を含まないので，対称座標法での基本式は下記のようになる．

$$
\begin{aligned}
V_0 &= -Z_0 I_0 \\
V_1 &= E_g - Z_1 I_1 \\
V_2 &= -Z_2 I_2
\end{aligned}
\tag{4.3.3}
$$

ただし，Z_0, Z_1, Z_2：ここでは，発電機を端子からみた対称分インピーダンス

4.3.1　系統の事故

　各種の事故電流を計算してみる．不平衡故障のときは，前述の対称座標法を使

用して比較的容易に計算できる．

(1) 三相短絡

最も単純な発電機の出力端子根元で三相短絡が発生した場合，短絡電流は図 4.3.2 に示すとおりで，数式的には (4.3.4) 式で表される．

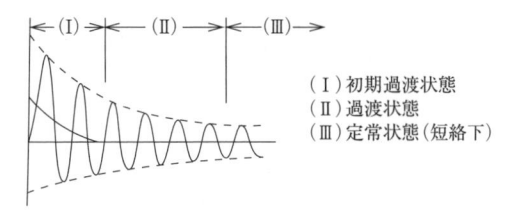

図 4.3.2 発電機端子短絡時の過渡電流

（Ⅰ）初期過渡状態
（Ⅱ）過渡状態
（Ⅲ）定常状態（短絡下）

$$Is(t) = \sqrt{2}\left[(Is'' - Is')\exp(-t/Td'') + (Is' - Is)\exp(-t/Td')\right] \\ + Is\cos(\omega t - \alpha) + \sqrt{2}Is\cos\omega\exp(-t/TD) \tag{4.3.4}$$

ただし，Is, Is', Is''：短絡定常電流，過渡短絡電流，初期過渡短絡電流（いずれも実効値）

Xd, Xd', Xd''：同期リアクタンス，過渡リアクタンス，初期過渡リアクタンス

$$Is = \frac{Eg}{Xd}, \quad Is' = \frac{Eg}{Xd'}, \quad Is'' = \frac{Eg}{Xd''}$$

Eg：発電機無負荷端子相電圧

Td', Td'', TD：過渡短絡，初期過渡短絡電流の減衰時定数，直流分電流の減衰時定数

この間，磁束の通路が時々刻々変化する．図 4.3.3 にその模様を併記した．過渡，初期過渡状態と分ける由縁である．各々の状態でのリアクタンス，時定数の概数値を表 4.3.1 に示す．

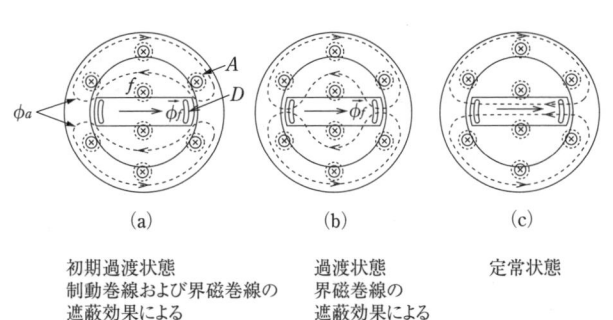

(a) 初期過渡状態
制動巻線および界磁巻線の遮蔽効果による

(b) 過渡状態
界磁巻線の遮蔽効果による

(c) 定常状態

A：電機子巻線　　f：界磁巻線　　D：制動巻線

図 4.3.3 過渡時の磁束通路

第4章 送　電

表4.3.1　短絡電流の区分とリアクタンス，時定数の概数

区　間	リアクタンス	時定数	磁束の通路
初期過渡区間	初期過渡リアクタンス x_d'' (0.2)	短絡初期過渡時定数 $T_d''x_d'$ (0.5s)	図4.3.3
過渡区間	過渡リアクタンス x_d' (0.3)	短絡過渡時定数 T_d' (1.0s)	図4.3.3
短絡定常区間	同期リアクタンス x_d (1.0)	電機子時定数 T_a (0.2s)	図4.3.3

(2) 一線地絡（図4.3.4）

図によって，$Va=0$，$Ib=Ic=0$である．したがって，前者を（4.3.2）式に代入して，

$$Va = V_0 + V_1 + V_2 = 0$$

後者を電流に関する（4.3.3）式に代入し，さらに（4.3.4）式により

$$I_0 = I_1 = I_2 = \frac{Ia}{3} = \frac{Eg}{(Z_0 + Z_1 + Z_2)}$$

$$Ia = I_0 + I_1 + I_2 = \frac{3Eg}{Z_0 + Z_1 + Z_2} \quad (4.3.5)$$

$$V_0 = -Z_0 I_0 = -\frac{Z_0 Eg}{Z_0 + Z_1 + Z_2}$$

$$V_1 = Eg - Z_1 I_1 = \frac{(Z_0 + Z_2)Eg}{Z_0 + Z_1 + Z_2}$$

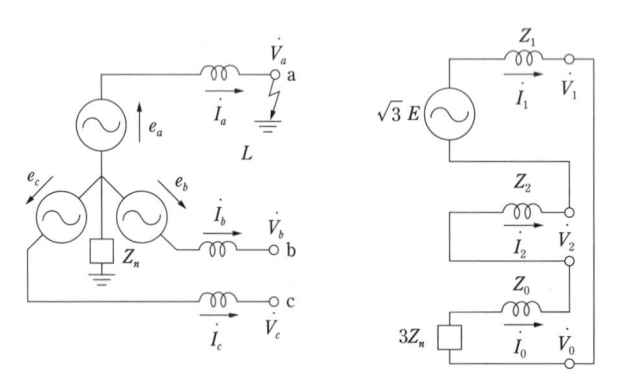

図4.3.4　a相一線地絡

4.3 系統の事故と検出，保護

$$V_2 = -\frac{Z_2 Eg}{Z_0 + Z_1 + Z_2}$$

したがって，

$$Vb = V_0 + a^2 V_1 + a V_2 = \frac{[(a^2-1)Z_0 + (a^2-a)Z_2]Eg}{Z_0 + Z_1 + Z_2}$$

$$Vc = V_0 + a V_1 + a^2 V_2 = \frac{[(a-1)Z_0 + (a-a^2)Z_2]Eg}{Z_0 + Z_1 + Z_2} \tag{4.3.6}$$

(3) 二線地絡（図 4.3.5）

図によって，$Ia = 0$，$Vb = Vc = 0$，これを（4.3.2）式あるいは（4.3.3）式に代入して，

$$I_0 + I_1 + I_2 = 0$$
$$V_0 = V_1 = V_2$$

これに従って，前項同様の計算を行うと

$$Va = \frac{3 Z_0 Z_2 Eg}{Z_0 Z_1 + Z_1 Z_2 + Z_2 Z_0}$$

$$Ib = \frac{[(a^2-a)Z_0 + (a^2-1)Z_2]Eg}{Z_0 Z_1 + Z_1 Z_2 + Z_2 Z_0}$$

$$Ic = \frac{[(a-a^2)Z_0 + (a-1)Z_2]Eg}{Z_0 Z_1 + Z_1 Z_2 + Z_2 Z_0} \tag{4.3.7}$$

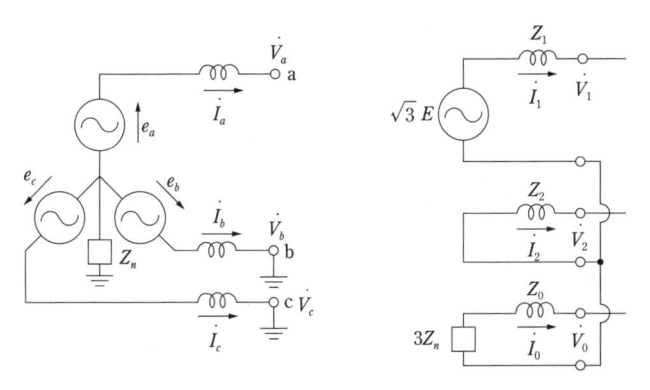

図 4.3.5 b,C 相二線地絡

（4）二相短絡（図 4.3.6）

図によって，$Vb = Vc$，$Ia = 0$，$Ib = -Ic$ を，(4.3.2) 式あるいは (4.3.3) 式に代入して，前項と同様の計算を行うと

$$I_1 = -I_2 = \frac{Eg}{Z_1 + Z_2}$$

$$V_1 = V_2 = \frac{Z_2 Eg}{Z_1 + Z_2}$$

したがって，

$$Va = V_1 + V_2 = \frac{2 Z_2 Eg}{Z_1 + Z_2}$$

$$Vb = Vc = (a^2 + a) V_1 = -\frac{Z_2 Eg}{Z_1 + Z_2}$$

$$Ib = -Ic = (a^2 - a) I_1 = \frac{(a^2 - a) Eg}{Z_1 + Z_2} \tag{4.3.8}$$

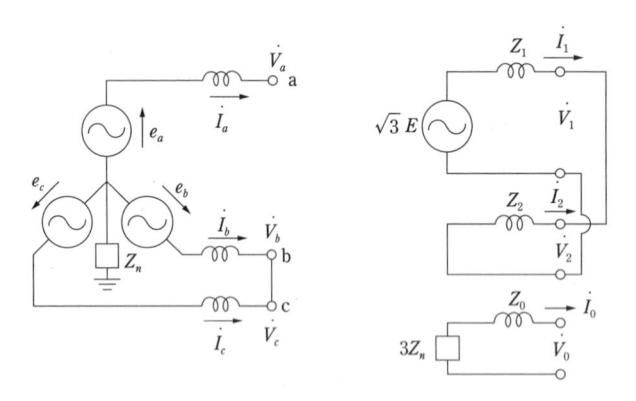

図 4.3.6　b,c 相二相短絡

（5）送電線一線地絡での故障電流（図 4.3.7）

ここで，実際の送電線路上で一線地絡事故が発生した場合の地絡電流の算定法を考えよう．図に示すような線路上で事故が発生するとき，通常両端には電源があるから，両者を含めた一台の発電機とみなすことができる．すなわち，テブナンの定理を適用し，故障点 a，b，c 三端子からみた両側発電機の内部誘起電圧 Eg を考え，(a) 図の回路を (b) 図のように変換すれば，容易に地絡事故電流を

4.3 系統の事故と検出,保護

算出できる.その際,零相回路は変圧器巻線の三角結線があるとそれより遠方には波及しないことに留意する必要がある.以下の例題で考えよう.

(例題)図 4.3.7 のような系統の P 点で一線地絡事故が発生したとき,地絡電流,発電機 GA の a 相電圧および地絡点健全相電圧を算出する.
GA:100MVA－11kV $x_1=x_2=j0.15$ $x_0=j0.05$
GB:1 000MVA－22kV $x_1=x_2=j0.2$ $x_0=j0.05$
TA:100MVA－11/275kV △Y $x=j0.1$
TB:1 000MVA－22/275kV △Y $x=j0.1$

事故点からみた総合の各対称分インピーダンス

$$Z_1=Z_2=\frac{j(0.1+0.15)\times j(0.02+0.01+0.15)}{j(0.1+0.15+0.02+0.01+0.15)}=j0.105$$

$$Z_0=\frac{j0.1\times j(0.01+0.5)}{j(0.1+0.01+0.5)}=j0.0785$$

$$I_0=I_1=I_2=\frac{1}{j(0.105+0.105+0.0785)}=-j3.466$$

$$V_0=-Z_0I_0=-j0.0785\times(-j3.466)=-0.272$$
$$V_2=-Z_2I_2=-j0.105\times(-j3.466)=-0.364$$
$$V_1=-V_0-V_2=0.272+0.364=0.636$$
$$I_a=I_0+I_1+I_2=3\times(-j3.466)=-j10.4$$

故障点での基準電流は,

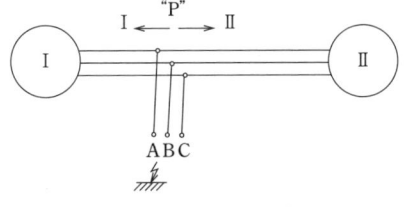

(a) 送電線(両端電線あり)　　(b) Ⅰ/Ⅱの合成電線

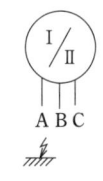

図 4.3.7　送電線上の一線地絡の扱い方

$$\frac{100\times 10^3}{\sqrt{3}\times 275}=210\text{A}$$

よって，$I_a = 210\times(-j10.4) = -j2184$A

発電機 GA の対象分電流は，

$$I_{GA1}=I_{GA2}=\frac{-j3.466\times j0.18}{j0.25+j0.18}=-j1.451, I_{GA0}=0$$

よって，

$$I_{GAa}=I_{GA1}+I_{GA2}+I_{GA0}=-j2.9$$

発電機 GA の基準電流は，

$$\frac{100\times 10^3}{\sqrt{3}\times 11}=5\,250A$$

発電機 GA の a 相電流は，

$$I_{GAa}=5\,250\times(-j2.9)=-j15\,230$$
$$Vc=V_0+aV_1+a^2V_2=-0.413+j0.875$$

基準電圧 275kV であるから，

$$|Vc|=\sqrt{0.413^2+0.875^2}\times 275\text{kV}=257.5\text{kV}$$

4.3.2　継電保護方式

　前節で系統に発生する主な故障とそれに伴う過電流，異常電圧の算定について述べた．このような大電流，あるいはそれに伴う異常電圧が現象として現れると，これをいち早く知るための電流，電圧変成器が必要である．ここで捉えた異常を継電器に伝達し，そこから信号を発して当該遮断器に遮断指示命令を出し，系統の保護を図る必要がある．

　この一連の動作を継電保護方式という．その対象としては機器はもちろん，母線，送電線などす

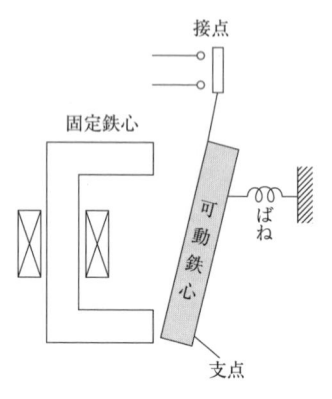

図 4.3.8　可動鉄心型継電器

4.3 系統の事故と検出，保護

べてが対象となる．

まず，各種継電器の構造と特徴を簡単に述べる．

継電器として古典的ではあるが，計器用変成器を通じて，事故大電流を継電器に導き，その電磁力を利用して，可動鉄心型，あるいは誘導円板型（誘導円筒型）の構造が古くから使用されている．原理的な構造図を図 4.3.8，図 4.3.9 に示す．近時では，電子回路を利用したアナログ型，計数デジタル型の静止型継電器もある．いずれにしても，入力量と動作時間との関係が図 4.3.10 に示すようなものがある．

　反限時型：入力量が多くなると動作時間が短
　　　　　　くなるもの
　定限時型：入力量に無関係に動作時間が一定
　　　　　　のもの

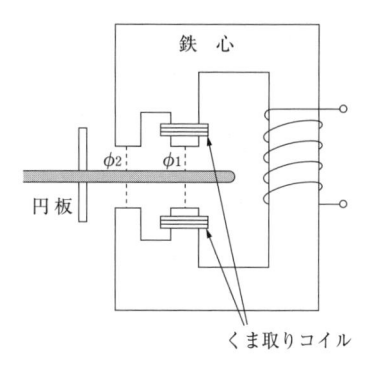

図 4.3.9　誘導円板型継電器

他方，継電器の機能によって，電流継電器，電圧継電器，差動継電器，方向継電器，距離継電器などがある．各々の説明は割愛するが，後述の使用例の所で，簡単に触れる．

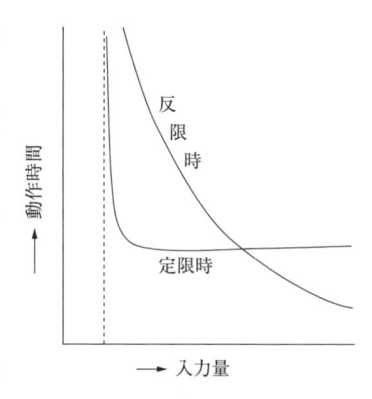

図 4.3.10　継電器の限時特性

以下，保護対象ごとの各種保護継電方式の概要を述べる．

（1）機器の保護継電方式

基本的には過電流継電器と差動継電器が用いられる．変圧器では巻線内部短絡を検知するため，図 4.3.11 のように差動継電器が用いられる．すなわち，正常時には変圧器一次，二次電流の電流比は変圧器の変圧比の逆比である．内部に事故があると，一次，二次両者から電流が流入し，一次二次電流は相殺できない状態となる．すなわち，

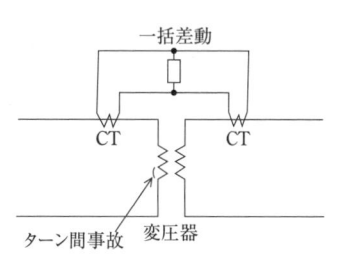

図 4.3.11　差動継電器による変圧器の保護

差電流が残り，継電器が動作するようになっている．この場合，変圧器の一次，二次の変圧比，結線，さらに変流器の結線，巻数比に注意を要する．

発電機の固定子巻線の保護でも図4.3.12のように，同様な差動継電器方式が採用されている．

図4.3.12 差動継電器による発電機の保護

(2) 母線の保護継電方式

これも基本的には差動継電器による保護である．母線には複数本の送電線がつながっているが，外部から流入する全電流と流出する全電流とは完全に等しくなければならない．この均衡が破れた状態は内部の事故を意味するから保護を要する．差動継電器がその威力を発揮する．

(3) 線路の保護継電方式

線路事故検出のための継電方式としては，数多くの方式が採用されている．

(a) 過電流継電器

基本的には過電流継電器も使用可能である．比較的長い線路上に過電流継電器を設けた場合，電源に近い所の継電器ほど動作時間を長くする必要があり，事故障害が増大する可能性がある．

(b) 選択継電器

図4.3.13のように平行二回線の場合，正常時は両者の電流は等しいが，一方の回線に事故が起こるとその平衡状態が崩れて，故障回線を遮断

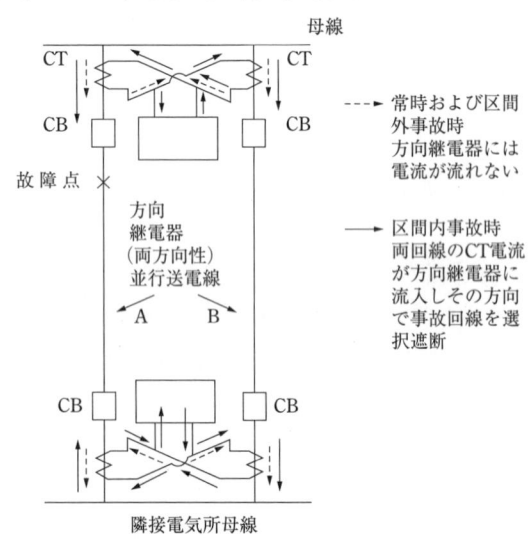

図4.3.13 選択継電方式

する仕組みである.

(c) 距離継電器

図 4.3.14 のように一端で検出した電圧,電流から継電器内で,事故点までの距離を判定し,保護区間内の事故か否かを判定する.

線路には,架空送電線路とケーブル線路とがある.いずれにしてもかなりの距離を持つので,その内部故障を的確に早期に検出するため,一端での検出模様を他端へ知らせ,常に両端で内部を見張る形をとる.このような方式をパイロット継電方式という.そのため送電線路に沿って,信号伝送路を設ける.

信号伝送路として,表示線やマイクロ波などの搬送線を用いる.

また,架空送電線路は文字どおり,気中絶縁に頼っているから,いったん絶縁事故を起こしても,事故を消してやれば,絶縁回復する可能性が高い.したがって,いったん事故遮断して,絶縁回復時間をあらかじめ見込んで,高速度再閉路する方式も採用される.

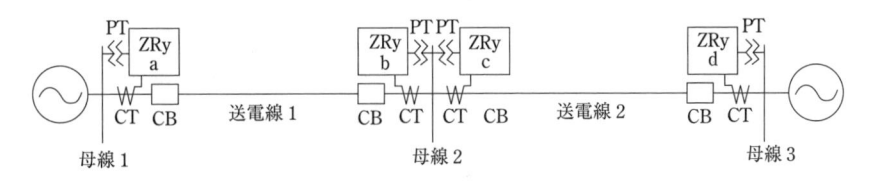

図 4.3.14 距離継電方式

第4章　送　電

4.4　系統の絶縁

　電灯照明を目的に当初直流で始まった配電事業も，間もなくその不便さが露呈し，1891年フランクフルト電気博を契機に三相交流による送配電に移ったことは周知のところである．交流化とともに変圧器が使用されるようになると，雷雨時に米国で配電系統につながる変圧器の故障が続発した．これは雷撃による過電圧が原因であるとして，変圧器の手前に協調ギャップを設け，雷を放電させ，変圧器を保護するようにした．しかしながら，送電線の支持碍子の閃絡故障は軽減しないため，碍子メーカーは支持碍子の連結個数の増加を要求した．反面，変圧器メーカーは変圧器の事故増大を招くことになるので，これに猛反対し，大論争が起こった．

　この問題を解決するために提案したのが W. W. Lewis，P. Sporn で，彼らは碍子の閃絡電圧と変圧器の耐電圧値とを協調させることを提案した．

　これに呼応して，変圧器の雷サージに対する耐電圧試験，すなわち衝撃電圧耐電圧試験が実施されるようになった．これが絶縁協調の始まりである．

　同時に，雷による過電圧を抑制できる避雷器の開発，線路事故を即座に遮断できるような遮断器の開発が急がれ，順次に採用されるようになった．

　以下，各種過電圧の発生とその抑制方法，絶縁協調の基本的考え方とこれに基づく機器の絶縁試験の考え方を述べる．

4.4.1　系統に発生する各種過電圧

系統に現れる過電圧は主に下記の三種類がある．

(1) 交流過渡過電圧（TOV：Temporary Over Voltage）
　線路に一線地絡事故が発生した場合，健全相の交流電圧が過渡的に上昇する．そのときの正常時の電圧に対する電圧比，過電圧係数 K は IEC Pub.60071-2 "Insulation Co-ordination Application Guide" の Appendix B に図表の形で図 4.4.1 のように記載されている．

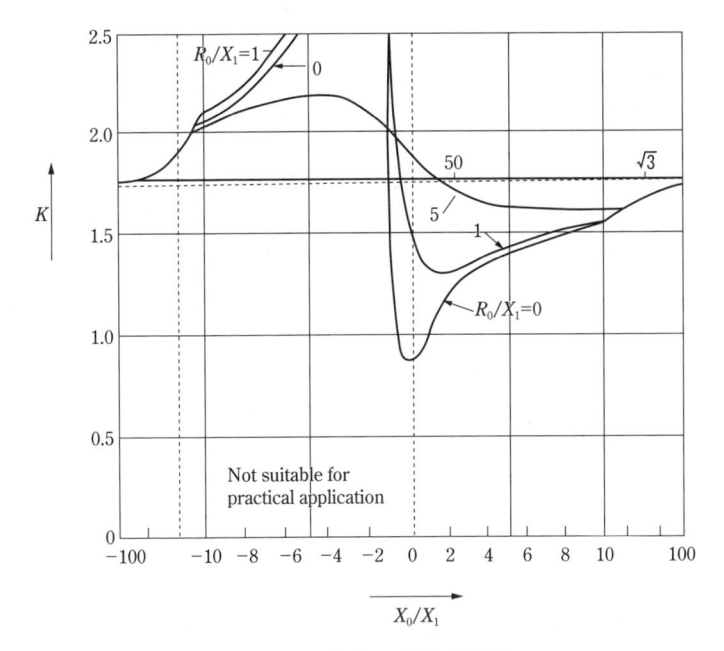

4.4 系統の絶縁

図4.4.1　過渡電圧の過電圧係数 K

$$TOV = f\left(\frac{R_0}{X_1}, \frac{X_0}{X_1}\right)$$

ただし，R_0，X_0，X_1：零相抵抗，零相リアクタンス，正相リアクタンス

一般的な概念として，従来の 60kV，140kV 系統で採用された抵抗接地方式や非接地方式では，交流過渡過電圧が常規対地運転電圧のおよそ $\sqrt{3}$ 倍に跳ね上がる．

しかし，250kV 以上の送電線路は直接接地方式を採用し，交流過渡過電圧を常規対地運転電圧のおよそ 1.25 倍以下に抑えている．

これは単に交流過渡過電圧の抑制に役立つだけでなく，避雷器定格電圧の低減にも役立っていることが重要である．すなわち，避雷器の定格電圧は「その電圧において，開閉サージや雷サージを処理できる能力を有するもの」と定義されているから，交流過渡過電圧が抑制されれば，避雷器の定格電圧も低いものが選定できるようになり，開閉サージ，雷サージの制限電圧値も自動的に下がることになる．

(2) 開閉サージ（Switching Surge）

開閉サージはその名のとおり，遮断器類の開閉に伴って発生する過電圧である．過酷な場合の一例を挙げよう．電力系統の安定度や電力系統寸断時間短縮のため，地絡時の再閉路方式が採用されている．すなわち，図4.4.2 (a) のような単相送電線を想定し，いったん遮断後，間もなく再投入するときの過渡現象を考える．電圧が負の最大値のときに線路が遮断され，数十サイクル後に電圧の正の最大値のときに投入された場合，投入抵抗なしでは，過渡現象は同図 (b) のように，対地電圧は常規対地運転電圧波高値の3倍のサージが発生する．これを抑制するため，500kV系統で採用されたのが投入抵抗方式で，同図 (a) に示すように再閉路時にまず接点1を閉じ，約10mS後に接点2を閉じる方式である．このようにすると，同図 (c) に示すように，対地過電圧は常規対地運転電圧波高値の2.2倍以下に低減される．

さらに将来予想される1 000kV送電線では，遮断抵抗をも採用して，1.6倍以下に開閉サージを抑制することが検討されている．

これら諸施策の結果，系統電圧ごとに現在考えられている開閉サージの大きさは表4.4.1のようになる．

このような開閉サージは近時では，避雷器によって抑制できるが，開閉サージの波形はさまざまであり，機器の絶縁特性に最悪の波形が存在することが問題である．

表4.4.1　電圧階級と開閉サージ倍数

Um	開閉サージ倍数
140kV 以下	3.0Em
250kV	2.7Em
500kV	2.2Em
1 000kV	1.6Em

$Em = \sqrt{2}\,Um/\sqrt{3}$：常規対地運転電圧波高値

図4.4.3は波形による気中の正極性50% *FOV*（フラッシオーバ電圧）特性を示す．波頭長に対してV特性を有することである．図からわかるように，500kV系統で考えられる気中絶縁距離5m前後では，サージの波頭長250μs辺りで，V特性の底に近く，最低の*FOV*となることである．このような現象を背景に，試験用開閉サージの標準波形として，250/2 500μs（波頭長/半波尾長）が選定されている．なお，気中棒平板電極での最低*FOV*は下式で現される．

$$FOV_{50} = 1\,080 \times \ln(0.46 \times l + 1) \text{ kV} \tag{4.4.1}$$

ただし，l：ギャップ長（m）

すなわち，絶縁距離を増やしても*FOV*は飽和傾向を示すので，予想される開

4.4 系統の絶縁

閉サージの大きさを野放しにしておくことは，高電圧機器の気中絶縁に不利益をもたらす．

(a) 投入抵抗方式の原理（一相分のみを示す）

投入抵抗採用時の投入手順：
最初に"1"投入，後に"2"投入

(b) 投入抵抗方無の時の開閉サージ

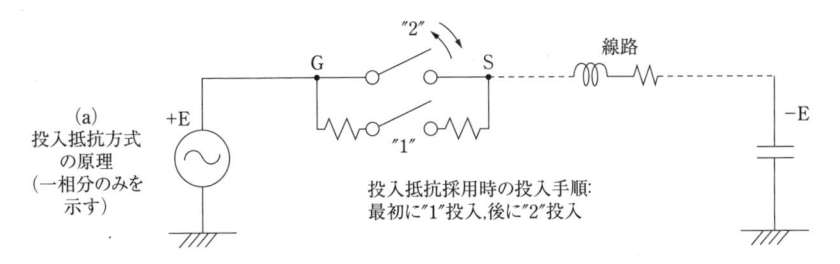

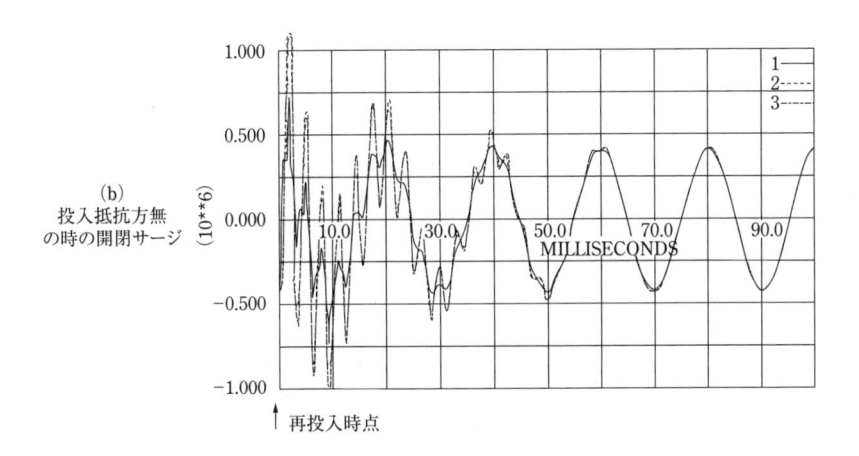

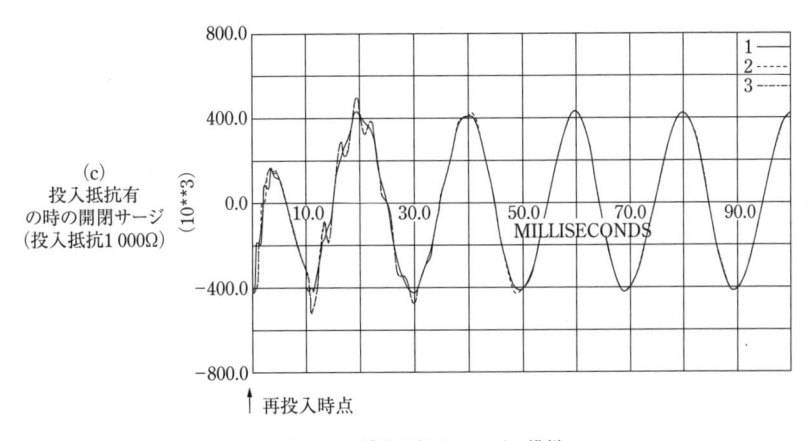

↑再投入時点

(c) 投入抵抗有の時の開閉サージ（投入抵抗1 000Ω）

↑再投入時点

図 4.4.2　線路再投入サージの模様

第4章 送　電

このような対地過電圧に対して，機器は絶縁耐力を要していなければならず，絶縁耐圧試験を実施する必要がある．

なお，油中や SF_6 ガス中では，このような V 特性はない．これまで，対地の開閉サージを考えたが，同様な開閉サージは相間にも発生する．すなわち，相間には対地サージの 1.5 〜 1.7 倍の大きさの相間サージが現れることが確率的に考えられている．換言すれば，ある相に 1.0 の対地サージが発生するとき，他相には 0.5 〜 0.7 の逆極性対地サージが発生することを意味する．したがって，そのような相間サージにも耐えられるように，機器の相間サージ耐電圧試験を実施する必要がある．

図 4.4.3　電圧対波頭長特性の基準曲線

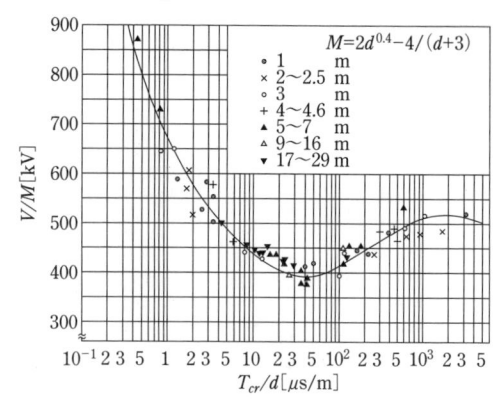

d：ギャップ長（m）
T_{cr}：サージの波頭長（μs）

（3）雷サージ（Lightning Surge）

送電線路への落雷現象には，周知のように，架空地線の遮蔽失敗による線路への直撃雷と，鉄塔へ雷撃したために鉄塔電位が上昇し，鉄塔から線路へ逆閃絡が起きる現象とがある．今日両者を含めた雷による機器の事故確率は 800 年に一度程度に抑えるように系統の絶縁設計が図られている．その際必要となる雷撃電流の累積頻度分布は図 4.4.4 のように統計的にまとめられている．変電所へ侵入するサージの抑制は専ら避雷器に頼るが，近時の酸化亜鉛素子は雷サージの処理能力が一段と向上し

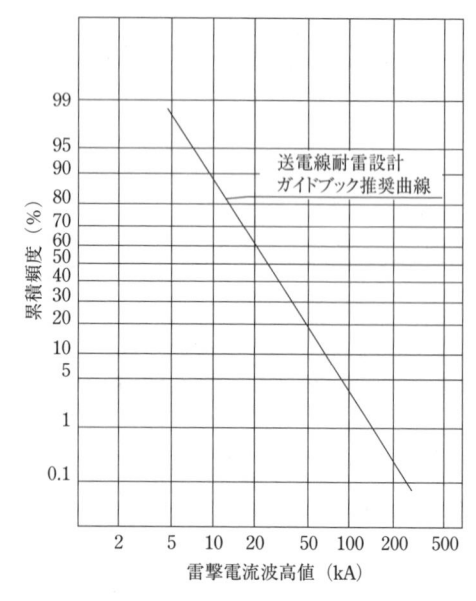

図 4.4.4　雷撃電流の累積頻度

ているので，雷サージの試験耐電圧値の低減に拍車を掛けている．

現在，雷サージの標準波形は $1.2/50 \mu s$（波頭長/半波尾長を表す）と定められている．気中棒平板電極での正極性 50% FOV は

$$FOV_{50} = 530 \times l \text{(kV)} \tag{4.4.2}$$

ただし，l：ギャップ長（m）

（4.4.1），（4.4.2）式を比べると，自明のように雷サージに対しては，絶縁距離に比例して FOV は上昇する．

なお，雷サージがある相に雷撃した場合，線路上を対地波と線間波に分波して進行する．遠方雷が変電所へ進行する場合，対地波成分は大きいが，減衰が大きい．線間波成分の減衰はあまり大きくないが，絶対値が低いので，相間雷サージが対地雷サージの2倍まで上昇することはないとされている．近接雷の場合は，対地雷サージがそのまま相間サージに等しいと考えられている．

総じて，雷サージに対しては，相間雷サージを考慮することなく，対地雷サージのみを対象として機器の対地耐電圧試験のみを行えば十分と考えられている．

4.4.2 絶縁協調

米国の配電系統で使用される変圧器は当初，系統電圧の2倍の交流耐電圧試験を1分間課せられていた．その後，変圧器の雷撃による事故多発を契機に，雷観測も進み，その波形が明らかになると，同時に変圧器内への雷侵入時の内部過渡電位振動に伴い，巻線対地や巻線内で絶縁破壊が生じる現象の解析も進み，変圧器の雷サージに対する耐電圧性が要求されるようになった．すなわち，変圧器の絶縁試験は前述の交流電圧試験だけでは不十分で，雷撃に耐えることの検証試験の必要性が判明し，1933年衝撃インパルス電圧試験が実施されるようになった．

今日，IEC Publication 60071 1993 "Insulation Co-ordination" の規格では，絶縁協調を下記のように定義している．

> "The selection of the dielectric strength of equipment in relation to the voltages which can appear on the system for which the equipment is intended and taking into account the environment and the characteristics of the available protective devices"

「絶縁協調とは機器の運転状況と有効な保護装置の効果を考慮に入れて，系統に

現れる各種過電圧に耐えられるように機器の試験電圧を選定すること」となっている．

手順としては，避雷器などの保護装置を考慮に入れて，系統に発生するであろう各種過電圧を推定することから始まるが，同時にこれを抑える諸施策も打たねばならない．

4.4.3 機器の絶縁試験

これまで考察したように，各種過電圧が首尾よく抑制されれば，運転中の機器にかかる過電圧も当然下がるわけで，機器の試験電圧も下げうることになる．すなわち，低減絶縁（Reduced Insulation）の採用により，送電線や機器の経済性に大きく寄与する．このようにして，商用周波交流電圧に対する試験耐電圧値 PFWV（Power Frequency Withstand Voltage），開閉インパルス電圧に対する試験耐電圧値 SIWV（Switching Impulse Withstand Voltage），雷インパルス電圧に対する試験耐電圧値 LIWV（Lightning Impulse Withstand Voltage）は送電電圧の上昇とともに相対的に軽減された．その実態を表 4.4.2 に示す．

一見，電力需要の上昇とともに送電電圧の上昇を伴ったことは理解できるが，その際，送電線，機器の高電圧化に伴う絶縁構造の高度化とコスト上昇をいかに克服するか，逆にいえば，高電圧化に伴う電力料金の高騰を招いては国家経済に影響するわけで，絶縁協調理念が果たした役割がいかに大きいかが推測される．

なお，「サージ」とは系統に発生する過電圧，「インパルス」とは試験のために用いられる電圧で，両者の用語上の定義が定められている．

ところで，試験耐電圧値を下げたことによって，機器の信頼度低下を招いては主客転倒することになる．これを側面援助するために，耐電圧試験手法の見直しにより信頼性検証の高度化の施策が打たれた．我が国では，送電電圧 250kV 以上の機器に対して，下記のような耐電圧試験法改正の対策が打たれた．

表 4.4.2　機器の試験電圧値（波高値 kV）

系　統	161kV 以下	275kV	550kV	1 100kV
PFWV	2.0Um	1.64Um	1.2Um	
SIWV		0.83×LIWV	0.83×LIWV	0.83×LIWV
LIWV	5Um + 50	3.8Um	2.5Um	1.8Um

Um：系統最高運転電圧（kV）

① 交流耐電圧試験は従来 1 分間印加であったが，交流過渡過電圧に見合うよう，従来より低い試験電圧を 1 時間印加とした．
② その間，内部部分放電を測定する．この試験は，交流試験電圧印加中に機器内部で発生するかも知れない微弱放電をも検出する試験である．その許容値は 100pC 程度（BGN：Back Ground Noise）以下とされている．
③ 開閉インパルス耐電圧試験は対地に 1.0 および相間に 1.5 の大きさの電圧を印加する．あるいは，これと同様の耐電圧性能を交流電圧か雷インパルス電圧で検証することにしている．
④ 雷インパルス耐電圧試験は従来どおり大地に対して実施する．この試験で相間雷サージに対する耐力検証にもなる．

第 ⑤ 章

配　電

第5章 配　電

5.1　配電系統の構成と配電方式

　水力，火力，原子力発電所で発電された電力は，500kV，275kV の超高圧変電所，さらには 154kV の一次変電所で高電圧に変電されて送電される．こうして，発電所から送電線，変電所を通った電気は図 5.1.1 に示すように，最終的には配電用変電所で変圧され，電力を消費する工場やビルなどの大口需要家には，6.6kV の高圧配電線によって給電される．また，一般消費者の需要家には，これをさらに 100V，200V に下げたのち，低圧配電線によって給電（配電）される．

(1) 高圧配電系統の構成
　高圧配電線は 6.6kV，三相3線式が一般的である．高電圧配電系統の配電方式

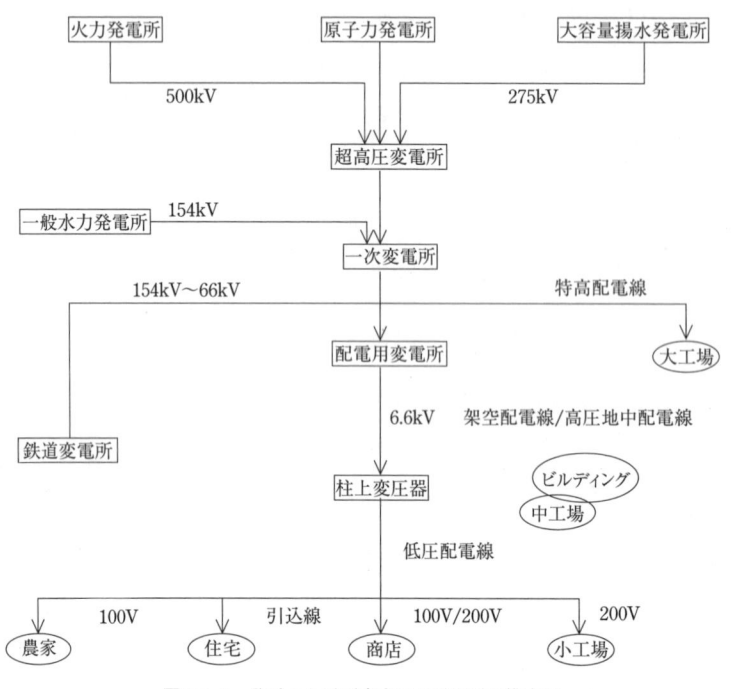

図 5.1.1　発電から需要家までの送配電の構成例

5.1 配電系統の構成と配電方式

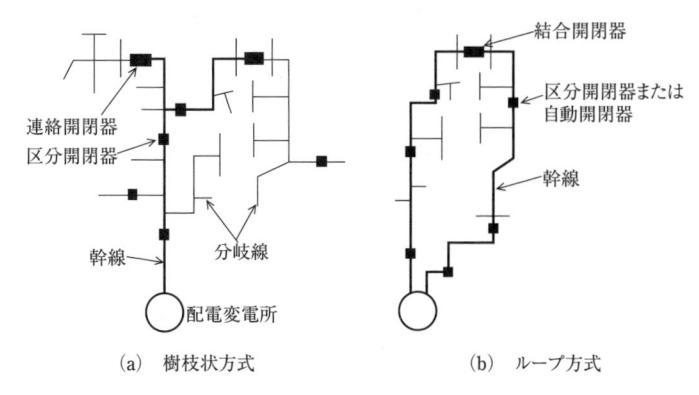

図 5.1.2 架空高圧配電系統の配電方式

は図 5.1.2 に示すように樹枝状方式とループ方式がある．

樹枝状方式は（a）に示すように，配電変電所から架空電線の幹線が樹の幹のように伸び，さらに幹線から分岐線が形成され配電される．幹線線路の途中に区分開閉器が設置されており，ほかの系統幹線との連携用に連絡開閉器を設置する構成である．

ループ方式は，架空電線の幹線がループ状（環状）をなし，この途中に区分開閉器を設けるものである．結合開閉器を常時開路にしておき，故障，異常時にこの開閉器を投入することにより，逆送できるようにする「常時開路ループ方式」と，結合開閉器を常時閉路にしておく「常時閉路ループ方式」とがある．現在の高圧配電路では前者の「常時開路ループ方式」が採用されている．

最近の都会では，美観の問題などから，需要の過密地帯，住宅団地などで，高圧地中配電系統の施設も進んでいる．

(2) 20kV 級配電系統の構成

日本では特別高圧配電線として，22kV または 33kV，三相3線式配電方式が一般的に採用されている．22kV および 33kV を総称して 20kV 級と呼称されている．

(3) 低圧配電系統の構成

日本では，低圧配電電圧として，一般に，100，200，100/200，415，240/415V が採用されている．配電線は単相2線式（主に家庭用，電灯需要）と三相3線式 200V（低圧電力需要）が採用されてきたが，最近では，電灯低圧線については，

単相3線式100/200V方式が経済性を考慮して採用されることが多くなっている。また，電灯需要と低圧需要の両方に供給する方式として，異容量V結線三相4線式が用いられている．

(a) 単相2線式

単相2線式は電線2本（2条）で配電するもので，通常，一方の線を接地する．工事，保守が容易であり，古くから広く用いられてきたが，最近ではあまり用いられていない．

(b) 単相3線式

単相3線式は単相変圧器の低圧側中性点より中性線を引きだし，両外側の線路との間で，100Vの負荷を取る方式である．図5.1.3に示すように，中性線と両外側の電圧線の電線3条で配電し，中性線を接地する方式である．主に電灯などの100V負荷は電圧線と中性線との間に接続し，動力の200V負荷は両電圧線間に接続する．現在，低圧単相2線式はこの単相3線式に変更され，電灯負荷はほとんどこの方式である．

(c) 三相3線式

三相3線式は三相結線で，図5.1.4に示すように，二次側結線方式にΔ，V，Yの3種類の結線方式がある．Δ結線方式は単相変圧器を3台Δ結線で接続したもので，低圧三相動力負荷の比較的大容量の場合に採用される．V結線は単相変圧器2台で三相平衡負荷を供給できるもので，広く用いられている．また，Y結線は中性点を接地するものであり，特殊な場合に限って用いられる．

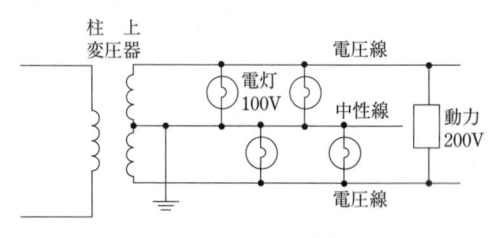

図5.1.3 単相3線式結線方式

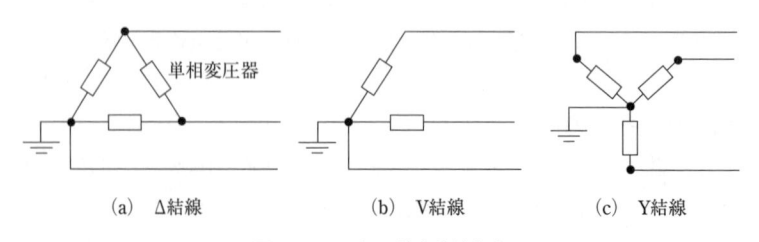

(a) Δ結線　　(b) V結線　　(c) Y結線

図5.1.4 三相3線式結線方式

(d) 三相4線式

三相4線式には3種類の結線方法がある．Y結線では変圧器の中性点より中性線を引き出し，電線4条で配電する．ほかにV結線，Δ結線で，中性点が接地されている変圧器に単相負荷を接続し，三線の電圧線間に動力負荷を接続するものがあり，多く採用されている方法である．

低圧配電線路の系統方式には樹枝状方式と低圧バンキング方式，ネットワーク方式の3方式があるが，工事費が安いこともあって樹枝状方式が標準となっており，最も多く採用されている．ただし，需要が過密な都市部においては，信頼度の高い低圧バンキング方式またはネットワーク方式が採用されている．

低圧バンキング方式は，同じ高圧配電線路に接続する2台以上の配電変圧器の二次側低圧配電線を，バンキングのブレーカーや区分ヒューズで接続して，変圧器相互の負荷を融通する方式である．事故や作業時の停電範囲を小さくできるメリットがある．また，ネットワーク方式は20kV級電源変電所から2回線以上の配電線で負荷を受電する方式である．ネットワーク方式には，スポットネットワーク方式とレギュラーネットワーク方式がある．スポットネットワーク方式は，都心部や大工場などの極めて集中した大容量負荷群に適用されるもので，1回線に事故が集中した場合でも，ほかの回線から受電することができる．また，一次側を20kV級として中間電圧の6.6kVを省略することができ，電力損失が減少するメリットもある．レギュラーネットワーク方式は高負荷密度地域（商店街や繁華街など）の一般需要家を対象として供給する方式である．2回線以上の20kV級ネットワーク配電線から各々分岐して配電する方式で，100/200Vの需要家のどこの回線に事故があった場合でも，無停電で供給できるところに特徴がある．

5.2 配電設備の運用と配電計画

5.2.1 配電線路の設備と運用

配電線路には需要家電圧を適正に維持し，停電範囲を縮小するとともに，停電回数を極力減らすために，次のような設備，機器が施設される．

(1) 配電変電所

配電変電所が設けられる．配電変電所の主変圧器には，負荷による電圧変動に対応するための自動電圧調整器が施設される．配電変電所では，負荷時タップ切り替え変圧器が用いられることが多い．さらに，過負荷や短絡事故を検出する過電流継電器や，事故時の電流を遮断するための遮断器が取り付けられている．

(2) 高圧配電線

高圧配電線には，気中開閉器や真空開閉器の柱上開閉器が施設される．また，線路こう長が長い場合，高電圧電線の線路の途中に電圧降下補償昇圧器（SVR）を取り付け，線路電圧の変動を調整する．また，雷の多発地帯では，配電用避雷器が取り付けられることが多い．

(3) 変圧器

一般に柱上変圧器としては巻鉄心変圧器が用いられる．都心部の架空配電線には，美観も兼ねて，タンク内に開閉器や避雷器を一緒に収納した内蔵型変圧器も利用される．

(4) 電圧調整器

配電線の電圧調整をするために，こう長の長い配電線では，(2) で述べたように，電圧降下を補償するために，高圧配電線の途中に昇圧器を設置することもある．また，配電線のフェランティ効果を防止するために分路リアクトルを設置す

5.2.2 需要想定

ることもある．

将来の需要電力を正確に把握し，配電計画を立てることが重要である．また，配電方式を決めるためにも，その地域での電力の需要密度を的確に予測する必要がある．電力需要は戦後一貫して伸び続けてきたが，1973（昭和48）年末のオイルショック後は経済の高度成長時代も終わり，電力需要の伸びも経済の低成長，安定成長に従って推移している．

電力需要を把握するためには，需要電力量に加えて，1年間の最大電力，さらには時々刻々の負荷の動き，負荷曲線を把握しておく必要がある．

(1) 電力量

需要電力量は，大きく，電灯，業務用電力，小口電力（商店や小規模工場などの契約電力が500kW未満のもの），大口電力，その他電力に分類される．低圧によって供給されるもの（電灯や小口電力の一部）と，高圧，特別高圧で供給されるものがある．

(2) 最大電力，平均電力，負荷率

ある期間（日，月，年）の中で最も多く使用した電力を最大電力といい，一般には毎時間における電力量の最大のものをいい，瞬間，15分，30分，1時間の最大電力がある．さらに，一定期間中の電力量をその期間の総時間で割ったものを平均電力といい，日平均電力，月平均電力，年平均電力などがある．また，平均電力を最大電力で割ったものを負荷率と呼び，その期間の負荷の変動状況をみるのに用いる．なお，各需要家での契約最大電力は，契約上，需要家が使用しうる最大電力をいう．

(3) 負荷曲線

負荷の時間的変動状況を図示したものを負荷曲線という．一般に負荷は時々刻々変化するので，その状況を把握するのに有効である．通常，日本では，8月に最大電力が出ており，時間は13～14時である．続いて12月の電力量が多くなるが，このときの最大電力が出る時間は18時ごろである．負荷の違いが読み

取れる.

電力需要を想定する方式としては,需要内容を詳細に分析し,それらを構成する要素の因果関係から想定するミクロ的手法と,需要全体に対し,経済指標などとの相関関係などを考慮して想定するマクロ的手法の二つに分類される.ミクロ的手法では,テレビやクーラーなどの家電製品やパソコンの普及率などを議論することが多い.マクロ的手法では,電力需要の需要全体に対する何らかの法則性を見いだそうとするものである.

5.2.3 需要諸係数

需要想定など,電力需要を表す諸係数として次のようなものが使われる.

(1) 需 要 率
需要率＝(最大需要電力 [kW])/(設備容量 [kW])×100 [%]
需要率は一般電灯需要家では 50 〜 75％程度である.

(2) 不 等 率
不等率＝各負荷の最大需要電力の和／総括したときの最大需要電力
各個の最大需要電力は同時刻に起こるのではないため,不等率は 1.0 より大きくなる.都市部では,電灯負荷相互間では,不等率は 1.1 〜 1.5 であるといわれている.

(3) 負 荷 率
負荷率＝(ある期間中の平均需要電力 [kW])/(その期間中の最大需要電力 [kW])×100 [%]
負荷率を表す期間の取り方によって,日負荷率,月負荷率,年負荷率がある.電気の使われ方は,種別,地域,時刻,季節などにより異なるため,需要電力の変動の割合(負荷率)も異なる.

5.3　配電線の事故と保護

　我が国の配電線は架空線が多く，雷や風雨，塩害などの自然現象による影響を受けやすく，全事故の約半分がこの自然災害による事故である．残りが設備，保守の不備，自動車の衝突，樹木や鳥などによる接触に起因する事故である．
　高圧線，低圧線ともに，一般的には，短絡事故と地絡事故がある．高圧配電線の保護のため，一般に配電所には，過電流継電器（OCR）と地絡継電器が取り付けられる．
　配電線の耐雷設備としては，避雷器と架空地線，および放電クランプが用いられる．避雷器は，最近では，酸化亜鉛型避雷器（ZnO）が用いられるようになってきた．この酸化亜鉛型避雷器は高い電圧領域まで非直線性抵抗特性を持つので，従来の弁抵抗型避雷器に必要な直列ギャップが不要となり，信頼性も大幅に向上し，配電線に急速に普及してきた．
　また，特に誘導雷による異常電圧を抑制するために，架空地線が高圧線の上1m程度のところ，遮蔽角度約45°で1条架線される．この抑制原理は次のとおりである．架空地線に雷電圧が誘導されると，架空地線の接地点で雷電圧と逆極性の反射波が発生し，この反射波が架空地線と電線との電気的結合により電線に誘導されて，電線に発生した雷電圧を低減するものである．
　さらに，高圧碍子の頭部にフラッシオーバさせる金具「放電クランプ」を取り付けることがある．この放電クランプと碍子のベース金具の間で雷サージによる放電を発生させ，高圧碍子の破損および電線への放電を防止するものである．送電線に設けられるアークホーンと同じ原理である．

索　引

人名索引

【あ行】

アルテネック……………………………… 3,4
ウェスティングハウス…………… 12,13
エジソン……………………………4,12,13

【か行】

カプラン……………………………………43
カルノー……………………………………54
ガルバーニ………………………………… 2
ギブス………………………………8,10,13
グラム……………………………………… 3
ケネリー……………………………………18
ゴーラール…………………………8,10,13

【さ行】

スコット……………………………………21
スタンリー…………………………………13
スワン………………………………………13

【た行】

ダービー……………………………………25
ダニエル…………………………………… 2
テスラ……………………………12,13,20
デプレ……………………………………… 9
ド・ラバル…………………………………61
ドブロウォルスキー………………………12
トレビシック………………………………57

【は行】

パーソンズ……………………… 5,27,61,62
ピクシー…………………………………… 2
フェアベーン………………………………57
フェランティ………………………… 10,11
フォード……………………………………26
フランシス…………………………………40
フルネイロン………………………………40
ヘザリントン………………………………57
ペルトン……………………………………38
ヘロン………………………………………25
ベンツ………………………………………26
ボルタ……………………………………… 2
ホルムズ………………………………… 2,7

【ま行】

モルトン……………………………………13

【や行】

ヤブロチコフ…………………………7,8,9

【ら行】

ラ・モント…………………………………57
ロックフェラー……………………………26

【わ行】

ワット………………………………… 25,57

用語索引

【数字・欧文】

％IZ ……………………………… 117,148
1 000kV 送電 ……………………… 124
1 点切りガス遮断器 ………………… 124
2 段蒸気加熱式再熱器 ………………77
2 点切りガス遮断器 ………………… 124
3 脚鉄心 …………………………… 107
500kV 変電所 ………………………98
5 脚鉄心 …………………………… 107
A-BWR タービン ……………………76
ACSR（Aluminum Conductors Steel Reinforced）………………… 140
AEG 社 ………………………… 16,20
Alternation/min …………………… 19
BTB（Back-to-Back）………………99
BTF（Breaker Terminal Fault）…… 125
BWR（Boiling Water Reactor）………72
Columbian World Fair ………………20
Drehstrom ……………………………12
Dynamic Programming 法 ………… 161
EMF ……………………………101,102
Gauss-Seidel 法 …………………… 158
GCB（Gas Circuit Breaker）……… 128
GE 社 ………………………… 14,16,20
GIS（Gas Insulated Switchgear）…………………………… 101,123,135
Grosvenor Gallary ……………… 9,10
Hz ……………………………………19
Insulation Co-ordination …………… 179
Lightning Surge ……………………178
Linear Programming 法 …………… 161
LIWV（Lightning Impulse Withstand Voltage）………………………… 180
Newton-Raphson法 ……………… 158
n 型半導体 ……………………………85
open delta connection ……………… 119
PFWV（Power Frequency Withstand Voltage）………………………… 180
PWR（Pressurized Water Reactor）……72
p 型半導体 ……………………………85
Reduced Insulation ……………… 180
RRTV（Rate of Rise of Transient Recovery Voltage）………………… 126
SF₆ ガス ……………………………… 109
SF₆ ガス遮断器 …………………124,128
SiC …………………………………133
SIS（Solid Insulated Switchgear）…… 135
SIWV（Switching Impulse Withstand Voltage）………………………… 180
Slacks 母線 …………………………158
SLF（Short Line Fault）………125,126
SVC ………………………………… 151
SVR ………………………………… 188
Switching Surge ………………… 176
TOV（Temporary Over Voltage）…… 174
Transformer …………………………10
TRV（Transient Recovery Voltage）… 125
T 座巻線 ……………………………21
UHV 送電 ………………………… 124
UHV 変電所 …………………………98

索　引

V 結線	119	ウイーン博	3
WH 社	16,20	ウインドファーム	82
Y-Y-Δ 結線	119	渦電流損	110,114
Y-Y 結線	118	ウラン	70,71,73,74,78,79
Y-Δ 結線	118	エスシャーウィズ社	14
Y 結線	117	エポキシ樹脂	109
Zig-Zag 形電機子	11	煙管ボイラー	57
Zig-Zag 形電機子発電機	12	往復駆動蒸気機関	5
ZnO	133,191	鴨緑江	49
Δ-Y 結線	118	大阪電灯	16
Δ-Δ 結線	119	屋外式変電所	99
Δ 結線	117	屋内式変電所	100
		遅れ小電流	131
		遅れ小電流遮断	127

【あ行】

遅れ電力-受電端端子電圧特性 … 151

アーク灯	7	遅れ無効電力	145
アークホーン	140	押込通風	59
阿南変換所	99	オブニンスク発電所	28
油入遮断器	123,124	オランダ型風車	82
油入自冷式変圧器	104,108		
油入絶縁変圧器	103		
油入風冷式変圧器	104,108	【か行】	
アモルファスシリコン	85	加圧水型軽水炉	72
アモルファス鉄心	107	碍子型油遮断器	123
アリアンス社	7	碍子型遮断器	124
アリス・チャルマーズ社	40	外鉄型変圧器	10, 103,106
一次エネルギー	29	回転界磁形三相交流同期発電機	65
一次変電所	98	回転磁界	12
一線地絡	166,168	開閉器(装置)	103,122
移動式変電所	100	開閉サージ	176
揖斐川電力	48	開放磁気回路	8,10
異容量 V 結線三相 4 線式	186	海洋エネルギー発電	92
インパルス	180	海洋温度差発電	92

索 引

カオリン	7
可逆式ポンプ水車	37,44
加極性	117
架空線	140
架空送電線路	139
架空地線	140,191
核燃料サイクル	79
核分裂反応	72
角変位	120
ガス絶縁開閉装置	123,135
ガス絶縁変圧器	103,109
葛野川発電所	50
過電圧係数	175
過電流継電器	171
過渡安定限界電力	153
可動鉄心型継電器	170
過渡回復電圧	125
過渡回復電圧上昇率	126
過渡状態	165
過渡リアクタンス	165
カナディアン・ナイアガラ発電所	14
過熱器	57,59
カプラン水車	37,42,49
可変速発電電動機	50
上北変換所	99
火力発電	52
カルノーサイクル	54
火炉	57,58
乾式自冷変圧器	104
乾式風冷変圧器	104
乾式変圧器	109
環状巻	3
環状巻電機子	3
ガンツ社	10
ガンツ資料館	10
貫流ボイラー	57
紀伊水道直流連携	99
基幹変電所	101
基準ランキンサイクル	55
汽水ドラム	57,58
紀北変換所	99
逆相インダクタンス	142
逆相キャパシタンス	143
逆相成分	164
ギャップ付避雷器	132
ギャップレス避雷器	132
キャニスタ	79
キャビテーション	46
給水加熱器	64
強制循環ボイラー	57
強制冷却方式（変圧器）	103
協調ギャップ	174
極限電力	152
極性	117
曲面集光方式	87
距離継電器	171,173
緊急炉心冷却装置	78
近距離線路故障遮断	125,126
空気遮断器	123
空気予熱器	57,59
くし形タービン	63
グリⅡ（第二発電所）	41
クリンカ	61
クロス機	65

索　引

クロスコンパウンドタービン………	63
グロスブナ発電所…………………	11
蹴上発電所…………………	16,48
景観対策…………………	102
計器用変成器…………………	121
軽水…………………	74
軽水炉…………………	28,71,72
ケイ素鋼板…………………	107
継電保護方式…………………	170
ケーブル…………………	144
ケーブル線路…………………	139
結合開閉器…………………	185
減極性…………………	117
原子力発電…………………	70
原子炉…………………	73
原子炉圧力容器…………………	75
原子炉格納容器…………………	75
原子炉緊急停止装置…………………	78
原子炉建屋…………………	75
懸垂碍子…………………	140
減速材…………………	71,74
減流型避雷器…………………	133
高圧配電系統…………………	184
降圧変圧器…………………	106
降圧用変電所…………………	98
公称電圧…………………	139
鋼心アルミより線…………………	140
構造材…………………	75
高速増殖炉…………………	31
高速中性子…………………	71
交直論争…………………	13
鉱油…………………	108

効率…………………	115
交流過渡過電圧…………………	174
交流系統…………………	7
交流システム…………………	12,13
抗力型風車…………………	81
高レベル放射性廃棄物…………………	78
黒鉛…………………	74
黒鉛減速炭酸ガス炉…………………	28
小口川第三発電所…………………	49
五重の壁…………………	75
鼓状巻…………………	3
固体高分子膜型燃料電池…………………	90
固体酸化物型燃料電池…………………	90
固体絶縁開閉装置…………………	135
固体絶縁変圧器…………………	103
コルニッシュボイラー…………………	57
コロナ放電…………………	61
混合式給水加熱器…………………	64
混式タービン…………………	62
コンバインドサイクル熱効率…………………	67
コンバインドサイクル発電…………………	66

【さ行】

サージ…………………	180
再処理プロセス…………………	78
再生ランキンサイクル…………………	56
最大電力…………………	189
再熱器…………………	57,59
再熱ランキンサイクル…………………	56
再閉路方式…………………	176
サイリスタ遮断器…………………	124
佐久間周波数変換所…………………	99

索　引

差動継電器	171
サポニウス型風車	82
酸化亜鉛型避雷器	191
酸化亜鉛素子	133,178
三角形結線	117
三峡発電所	40
三相3線式	185,186
三相4線式	187
三相交流	18
三相短絡	165
三相鉄心	107
三相変圧器	103,107
三相誘導電動機	12,15
ジーメンス社	3
シカゴ博	14
磁化電流	105
磁気遮断器	124
色素増感型太陽電池	86
磁気吹き消し型避雷器	133
四国水力電気	48
自然エネルギー	31
自然循環ボイラー	57
湿式石灰石膏法	60
湿分分離器	77
自動電圧調整装置	151
遮断器	96,122
遮断器端子短絡故障遮断	125
遮断電流	125
遮蔽材	75
斜流水車	37,43
集塵器	60,61
重水	74

周波数	18
周波数制御	149
周波数変換所	98,99
樹枝状方式	185,187
主変圧器	103
需要率	190
昇圧変圧器	106
昇圧用変電所	98
蒸気加熱式再熱器	77
蒸気機関	25
蒸気式エジェクタ	64
蒸気タービン	5,61,69,76
消弧媒体	122
常時開路ループ方式	185
常時閉路ループ方式	185
衝動式タービン	61
衝動水車	37
蒸発冷却	109
初期過渡状態	165
初期過渡リアクタンス	165
触媒還元方式	60
シリコーン油入変圧器	109
シリコン半導体	85
自冷方式（変圧器）	103
真空コンタクタバルブ	129
真空遮断器	124,129
真空バルブ	129
人工光合成システム	91
新信濃周波数変換所	99
深層水	92
水管ボイラー	57
水車	33

垂直1点切り……………………… 132
垂直切り…………………………… 132
垂直軸型風車………………………81
水平1点切り……………………… 132
水平2点切り……………………… 132
水平切り…………………………… 132
水平軸型風車………………………81
水豊発電所…………………………49
水力発電……………………………33
水力発電所…………………………33
水路式発電所………………………33
数理計画法………………………… 161
スコット結線………………14,21,117
進み小電流………………………… 131
進み小電流遮断…………………… 126
進み無効電力……………………… 145
スター結線………………………… 117
スパイラル状の電極……………… 130
スピードチェンジャー…………… 151
スリップリング……………………… 7
制御装置…………………………… 103
制御棒…………………………71,74,75
正弦波………………………………18
静止型継電器……………………… 171
静止型無効電力補償装置………… 151
静止器……………………………… 103
正相インダクタンス……………… 142
正相キャパシタンス……………… 143
正相成分…………………………… 164
整流子………………………………… 7
責務………………………………… 125
絶縁協調………………………174,179

絶縁紙……………………………… 108
節炭器…………………………… 57,59
接地装置…………………………… 131
零相インダクタンス…………143,144
零相キャパシタンス……………… 143
零相成分…………………………… 164
線間電圧…………………………… 139
選択継電器………………………… 172
騒音対策…………………………… 101
送電線………………………………96
送電用変電所………………………98
送油自冷式変圧器………………… 108
送油水冷式変圧器……………104,109
送油風冷式変圧器……………104,108

【た行】

対称座標法……………………142,163
対称三相交流……………………… 139
ダイナモ……………………………… 3
太陽エネルギー……………………85
太陽光発電…………………………85
太陽電池……………………………85
太陽熱発電………………………85,87
多結晶シリコン……………………85
多車室タービン……………………63
多相交流システム…………………20
多段タービン………………………… 5
脱気器………………………………64
縦磁界型電極……………………… 130
立軸型発電機………………………65
立軸フランシス水車…………… 40,49
ダニエル電池………………………… 2

索　引

ダム式発電所	33
多翼型風車	82
ダリウス型風車	82
タワー	81
タワー集光方式	87
単圧式ガス遮断器	124,129
単位法	116
炭化ケイ素	133
単結晶シリコン	85
単車室タービン	63
単線結線図	147
単相2線式	185,186
単相3線式	186
単相変圧器	103
タンデム機	65
タンデムコンパウンドタービン	63
タンデム式ポンプ水車	37,47
タンデム式揚水機	49
単巻変圧器	103,107,120
短絡試験	111
断路器	130
地下式変電所	100
中間変電所	98
抽気タービン	63
柱上開閉器	188
長幹碍子	140
調整池式発電	33
潮汐発電	92
調相設備	96,103,133
調速機	150
潮流計算	155,156
直接接地	140
直流	13
直流給電システム	5
直流系統	7
直流システム	12
直流発電機	2,4,5
直流連携方式	99
直列インピーダンス	112
貯水池式発電	33
通風装置	57,59
月負荷率	190
月平均電力	189
低圧配電系統	185
低圧バンキング方式	187
定格投入電流	125
定限時型	171
低減絶縁	180
抵抗接地	139
低周波交流二次励磁方式	50
定常遮断電流	125
定常状態	165
定態安定限界	152
定電圧システム	10
定電圧閉磁気回路変圧器	10
定電圧方式	8
定電流方式	8
低レベル放射性廃棄物	78
鉄損	110,111,114
デプトフォード	11
デルタ結線	117
電圧継電器	171
電圧降下補償昇圧器	188
電圧制御	151

電圧変成器	121	トラファルガー	11
電圧変動率	115	ドラム式自然循環ボイラー	69
電気キャンドル	7,8,9	トリノ博	9
電気集塵器	61		
電源開発(株)	49	**【な行】**	
電磁界対策	101,102	ナイアガラ発電所	14,20
電堆	2	内鉄型変圧器	10,103,106
電池	2	内鉄型三相変圧器	107
電流継電器	171	流れ込み式発電	33
電流変成器	122	ナセル	81
電力のベストミックス	97	並切型油入遮断器	123
電力用コンデンサ	96,133,134	並切消弧型断路器	132
等圧燃焼サイクル	67	二軸タービン	63
東海発電所	28	二次発電機	8
同期調相機	133,151	二次変電所	98
同期調相機のV曲線	134	西横山発電所	48
同期はずれ	153	二線地絡	167
同期発電電動機	50	二相短絡	168
東京電灯	15,16,48	日負荷率	190
同期リアクタンス	165	日平均電力	189
等増分燃料費の原則	160	日本原子力発電(株)	70
銅損	112,114	熱交換器	72
動物電気説	2	熱サイクル	54
等面積法	154	熱中性子	71
導油自冷式変圧器	108	熱中性子炉	71
導油水冷式変圧器	109	ネットワーク方式	187
導油風冷式変圧器	108	熱力学の第一法則	55
ドーバー	2	熱力学の第二法則	55
トーマス-ハウストン社	14,19	年負荷率	190
特別高圧	98	年平均電力	189
特別高圧送電線	98	燃料電池	89
特別高圧配電線	185	燃料棒	73,74

索 引

【は行】

パーセントインピーダンス	117,148
背圧タービン	63
排煙脱硝装置	60
排煙脱硫装置	60
バイオマスエネルギー	91
バイオマス発電	91
配電線	96
配電電圧	139
配電変電所	188
配電用変電所	98,99
排熱回収ボイラー	69
白熱電球	4,12
函館変換所	99
発電機の過渡安定度	154
パッファー型断路器	132
パッファーシリンダ	128
バブコック＆ウィルコックス社	57
パリ博	4,19
波力発電	92
バルブ水車	37,44
パワー係数	82
半屋外式変電所	100
半屋内式変電所	100
半減期	72
反限時型	171
反射材	75
反動式タービン	61,62
ピーク電源	97
東清水周波数変換所	99
東日本大震災	78
非更新世エネルギー資源量	30
ヒステリシス損	110,114
ヒステリシス特性	110
非接地	139
非直線性素子	133
被覆管	74,75
ヒューズ	122
表層水	92
表面式給水加熱器	64
表面復水器	63
漂遊負荷損	114
避雷器	103,132
ファラデーの電磁誘導の法則	103,104
ファン	109
フィラデルフィア博	4
風車	81
風速比	82
風力発電	81
フェランティ効果	18
負荷角	146
負荷曲線	189
負荷限界	152
負荷時自動電圧調整装置	151
負荷時タップ切換器	120
負荷時タップ付の変圧器	107
負荷時電圧調整器	120
負荷電流	111
負荷特性	111
負荷率	189,190
複圧式ガス遮断器	123
複合開閉装置	135
復水器	63
復水タービン	63

沸騰水型軽水炉	72
不等率	190
フライアッシュ	61
フランクフルト	12
フランクフルト博	11,12
フランシス水車	37,39,45,49
プルトニウム	78
ブレイトンサイクル	67
プレスボード	108
プロペラ型風車	82
フロロカーボン	109
分布鼓状巻線	4
分路リアクトル	133,134,151
平均電力	189
平衡通風	59
閉磁気回路	10
並列運転	119
ベース電源	97
ペルトン水車	37,38,49
ペレット	74,75
変圧器	8,96,103
変圧器の無負荷損(鉄損)	111
変成器	103
変電所	96
ボイラー	56
方向継電器	171
方向性ケイ素鋼板	107
放射性廃棄物	78
放射性廃棄物処理	78
放射線	72
放射能	72
棒鉄心	8
棒鉄心変圧器	9
放電クランプ	191
放熱器	109
ポートラッシュ発電所	6,27
星形結線	117
ボストン発電所	4,5
母線	103
ポンプ水車	45

【ま行】

巻数比	105
マグネット	3
マグネット型交流発電機	7
マグネット型直流発電機	3,7
マグネット型発電機	3
マクロ的手法	190
丸ボイラー	57
丸山発電所	49
ミースバッハ	4
ミクロ的手法	190
密封自冷式変圧器	109
密封風冷式変圧器	109
ミドル電源	97
南福光変電所・連系所	99
三縄発電所	48
宮下発電所	49
ミュンヘン	4
ミュンヘン博	4
無限大母線	153
無効電力	110
無負荷試験	111
無負荷電流	105

索 引

無負荷特性	110
無負荷飽和曲線	111
モールド絶縁	109
モールド絶縁変圧器	103
モノサイクリック機	16
モノサイクリック方式	20,21

【や行】

誘引通風	59
有効電力	110
有効電力-速度(周波数)特性	151
有効落差	34
誘導円板型継電器	171
揚水式発電	33
揚水発電所	45,49
溶融炭酸塩型燃料電池	90
揚力型風車	81
横軸型発電機	65
横軸フランシス水車	40
横軸ペルトン水車	49

【ら行】

雷インパルス	180
雷サージ	178
ラウフェン発電所	12
ランカシャボイラー	57
ランキンサイクル	54,67
ランスの潮汐発電所	92
力学改善	151
理想的変圧器	112
量子ドット型太陽電池	86
臨界状態	72
リン酸型燃料電池	90
ループ電流	131
ループ方式	185
冷却材	72,74
励磁アドミッタンス	112
連鎖反応	71
連絡開閉器	185
漏洩磁束	110

【わ行】

ワイバンホー発電所	48
ワゴンボイラー	57

■著者紹介（アルファベット順）

乾　昭文（いぬい・あきふみ）
元（株）東芝，国士舘大学教授

伊藤　進（いとう・すすむ）
元（株）東芝

川口芳弘（かわぐち・よしひろ）
元（株）東芝，元国士舘大学教授

大地昭生（おおじ・あきお）
元（株）東芝，東北大学教授，国士舘大学講師

山本充義（やまもと・みつよし）
元（株）東芝，元埼玉大学教授，元拓殖大学教授

発送変電工学

定価はカバーに表示してあります．

2012年3月20日　1版1刷発行　　ISBN 978-4-7655-3017-0　C3054

著　者	乾	昭　文
	伊　藤	進
	川　口	芳　弘
	大　地	昭　生
	山　本	充　義
発行者	長	滋　彦
発行所	技報堂出版株式会社	

日本書籍出版協会会員
自然科学書協会会員
工学書協会会員
土木・建築書協会会員

〒101-0051　東京都千代田区神田神保町1-2-5
電話　営　業（03）（5217）0885
　　　編　集（03）（5217）0881
　　　ＦＡＸ（03）（5217）0886
振替口座　00140-4-10
http://gihodobooks.jp/

Printed in Japan

Ⓒ Akifumi Inui, Susumu Itoh, Yoshihiro Kawaguchi, Akio Ohji and Mitsuyoshi Yamamoto, 2012
装幀：田中邦直　印刷・製本：昭和情報プロセス

落丁・乱丁はお取り替えいたします．
本書の無断複写は，著作権法上での例外を除き，禁じられています．

◆小社刊行図書のご案内◆

定価につきましては小社ホームページ（http://gihodobooks.jp/）をご確認ください．

新電気電子工学
―電気磁気学から電子物性学まで―

乾昭文・川口芳弘・山本充義 著
A5・228頁

【内容紹介】 本書には，今では古典扱いとなったが，ボルタ，エルステッド，アンペール，オーム，ファラデーらが築き，今でも基礎学術として有用な電磁気学をはじめ，高度に能力を高めたコンピュータによる解析技術，量子力学を裏づけとした物性の探求とその応用までがまとめられている．対象は，この分野の学術を新たに履修しようとする新人から大学院生，さらには一度は履修したものの持てる知識をリニューアルし，確実なものとしたい方々．

早わかりSI単位辞典

中井多喜雄 著
B6・212頁

【内容紹介】 SI基本単位，SI補助単位，組立単位のしくみ，SI接頭語，併用単位等について概説した後，10分野に分類して物理量を逐語解説する書．重要あるいは必要と思われる非SI単位への換算も明示した．目次と巻末に設けられた和文索引，英文索引，単位記号索引とを活用すれば，効率的に必要な知識が得られる．

電子機械用語辞典

沢田精二・布施憲夫・冨田雅之・木村隆 著
B6・256頁

【内容紹介】 初学者，とくに電子機械やメカトロニクス，機械システム工学などを学ぶ学生・生徒向けに編まれた用語辞典．教科書，参考書などに出てくる基本的な用語を中心としつつ，最新の用語についてはやや高度に専門的なものも収録するよう努めている．総収録語数約2000語．用語解説は，対訳英語を示すことから始め，なるべくかみ砕いた表現で意味，用途などを説明するとともに，より理解しやすいように，できるだけ多くの図版をおさめるようにした．英語索引付き．

生活家電入門
―発展の歴史としくみ―

大西正幸 著
B6・260頁

【内容紹介】 わたしたちのまわりには，冷蔵庫，洗濯機，掃除機をはじめ，数多くの電気製品がある．これらは「生活家電」と呼ばれ，毎日の生活に欠かせない商品である．生活家電はどのように発展してきたのだろうか？ 基本的なしくみはどうなっているのか？ 長年，生活家電の開発に携わってきた著者が，その経験をもとに，商品開発の歴史，基礎技術，さらに省エネや安全対策技術を丁寧に解説した．

技報堂出版　TEL 営業 03(5217)0885 編集 03(5217)0881
FAX 03(5217)0886